版权声明

Narcissism: A New Theory

Copyright © 1993 Taylor & Francis Group, LLC

Authorised translation from the English language edition published by Routledge, a member of the Taylor & Francis Group, LLC.

All rights reserved. No part of this book may be reprinted or reproduced or utilised in any form or by any electronic, mechanical, or other means, now known or hereafter invented, including photocopying and recording, or in any information storage or retrieval system, without permission in writing from the publishers.

Copies of this book sold without a Taylor & Francis sticker on the cover are unauthorised and illegal.

保留所有权利。非经中国轻工业出版社"万千心理"书面授权,任何人不得以任何方式(包括但不限于电子、机械、手工或其他尚未被发明或应用的技术手段)复印、拍照、扫描、录音、朗读、存储、发表本书中任何部分或本书全部内容,以及其他附带的所有资料(包括但不限于光盘、音频、视频等)。中国轻工业出版社"万千心理"未授权任何机构提供源自本书内容的电子文件阅览、收听或下载服务。如有此类非法行为,查实必究。

Narcissism: A New Theory

自 恋
一个新理论

［澳］内维尔·赛明顿（Neville Symington） 著

吴艳茹 译

中国轻工业出版社

图书在版编目（CIP）数据

自恋：一个新理论／（澳）赛明顿（Symington, N.）著；吴艳茹译. —北京：中国轻工业出版社，2016.5（2024.6重印）

ISBN 978-7-5184-0797-2

Ⅰ. ①自… Ⅱ. ①赛… ②吴… Ⅲ. ①病态心理学－研究 Ⅳ. ①B846

中国版本图书馆CIP数据核字（2015）第311346号

责任编辑：林思语　　责任终审：杜文勇
策划编辑：阎　兰　　责任校对：刘志颖　　责任监印：吴维斌

出版发行：中国轻工业出版社（北京鲁谷东街5号，邮编：100040）
印　　刷：三河市鑫金马印装有限公司
经　　销：各地新华书店
版　　次：2024年6月第1版第2次印刷
开　　本：660×980　1/16　印张：11
字　　数：83千字
书　　号：ISBN 978-7-5184-0797-2　　定价：28.00元

读者热线：010-65181109
发行电话：010-85119832　010-85119912
网　　址：http://www.chlip.com.cn　http://www.wqedu.com
电子信箱：1012305542@qq.com

版权所有　侵权必究
如发现图书残缺请拨打读者热线联系调换

240660Y2C102ZYW

献给生命的苦难与坚强

——译者

前言

James S. Grostein

在本书中 Neville Symington 讨论了我们常常会碰到的自恋这个主题。他从与罹患这种障碍的病人长期的临床工作经验中提炼出了新鲜的洞见。他所采用的视角非同寻常并给人以启迪。他不仅从克莱因的本能夸大／躁狂防御的立场，以及费尔贝恩、温尼科特、巴林特和科胡特的创伤－缺陷概念这些众所周知的方面理解自恋这个主题，还包括深刻的本体论的不安全性这个独特的角度。尽管他受训于英国独立学派且是其中的资深成员，但他探讨这个障碍的角度是我们今天称之为离开（departure）的存在主义观点。婴儿／儿童做了一个无意识的选择，要么是朝向*生命给予者*（它的真实性或自发性），要么是否认它，并用魔术性的伪装来逃避心理的真实以及回避外界的现实，后者成了自恋性障碍。

我理解的*生命给予者*是一个内在、幻影、像过渡性的客体，它由自体的不同侧面以及外在生命的支持性客体组成。根据 Eigen 的说法它是一个客体，人格化了比昂、拉康和温尼科特所描述的"信念的行动"。部分地抛弃了*生命给予者*后，不幸的自恋主体被分割成解离的亚－自体或他我（alter ego）。它们彼此冲突，反抗整合，丧失了作为首创者的自发中心的感觉。

　　以上是作者主题的一个骨架性的概要。首先，我要概述一下历史上学者们对自恋这个概念进行的重要阐述，以帮助确认Symington显著的贡献。在精神分析持续的历史性转化的长河中，我们可以观察到它在一系列的辩证（dialectic）中流动的倾向。先是优先选择一个概念，然后是另外一个，接着就是一个短暂的和解的综合；接下来又是另外一系列的辩证，每个系列都构成了两元相对的结构。自恋概念的发展历史很大程度地受到这个辩证过程的影响，我希望能把这一点展示出来。精神分析源于无意识创伤记忆和意识（其中无意识由稽查制度所创造出来）之间的辩证关系，并很快演变为无意识系统和意识系统间的冲突；在后面这个范畴下滋生了力比多和潜抑之间的辩证关系，之后又是力比多本能和自我本能间的辩证关系。

　　弗洛伊德有关自恋的那些发现使其抛弃了这个辩证过程（1914c）。与此同时，他把注意力转移到了他的元心理学的论文上。然而在论文中，他对自恋的定义是：（1）出现于自体性欲之后，但是在选择情感依附的客体前的一个阶段；（2）原始的自恋是无客体联结的状态；（3）继发性自恋预测着自我从与客体相联结撤回，其目的是再次就位于原始的自恋中。根据弗洛伊德的看法，继发性自恋的状态构成了自恋类型的客体关系模式。当"客体的阴影落到了自我上面"，这个阴影的阴影（认同）将再一次轮流落在外部世界的客体上——也就是说，外部的客体会以他们好像是自体的一部分的方式被对待。

在自恋这个概念的发展史上，下一步是它被视为抑郁症者内心世界的一部分。《哀悼和抑郁》一文（1917e〔1915〕）是弗洛伊德对客体关系理论的最深刻的贡献，而且成为梅兰妮·克莱因和费尔贝恩的贡献的模板和起源。此外，通过提出自恋和客体关系间的辩证关系，它继续了一些在《关于自恋：一个介绍》中没有被回答的主题。在《哀悼和抑郁》中，弗洛伊德介绍了他的发现：当个体无法忍受客体（实际上行使着部分客体的功能）的丧失时，个体有能力通过内化丧失的客体，从而在无意识幻想中否认这个丧失。此外，客体被分裂成两个不同的部分客体，一个被分配给与自我理想认同了的关系，作为"自我中的梯度*（as a gradient in the ego）"；而另外一个与自我本身认同。弗洛伊德接着说，前面的结构采用了最大化的施虐来对待后者，后者维持了与它的受虐性的关系。丧失的部分被成功地否认了，然而其代价是内在的抑郁（迫害）。因此，这四个实体（两个部分客体和两个部分自我）的互动构成了继发性自恋的状态，而它们的相互关系构成了内化的自恋客体关系。

分裂以及随后的自我和客体分配使得可以把抑郁症动力性理解为由两个，而实际上是四个内在结构的施虐受虐关系构成。这些结构也构成了*客体关系和自恋间的辩证关系*。克莱因（1940）从这个内在的动力结构中发展了她的理论：偏执－分裂位点的

---

* 这是一个高于现实或实际自我的理想自我，或我应该是什么样子。这时的理想自我在某种程度上变成一种压迫性的超我的要求。——译者注

（"前－抑郁"）迫害性焦虑和抑郁位点的抑郁性焦虑；而费尔贝恩（1940）把弗洛伊德的自恋－抑郁范式视为分裂样状态的证据，从中他详细描述了他的"灵魂中的结构"的六个成分。

从另一角度讲，弗洛伊德开拓了很多我们对自恋和客体关系概念的理解，但他从未充分地澄清作为客体关系和作为非客体关系（原始自恋）的自恋间的区别。当我们回溯时，他的精神病的概念，其实是自恋性神经症——也就是说，对客体的投注被撤回到自体中，因此客体关系不再存在。正因为此，他假定自恋性神经症与心理神经症不同，是无法被分析的。这一论点使得精神分析纷扰困惑，并要为英国客体关系学派和正统/传统学派之间的大论战负部分责任。英国客体关系学派认为婴儿从一开始就是寻求客体的；而正统/传统学派认为婴儿是不会寻求客体的，他处在孤独－自恋的膜中，在他被"孵化"之前是不会寻求客体的。然而贯穿整个论战，其争执都在于客体相对于驱力的重要性。尽管大家用了种种派生的形式来对自恋进行描述，特别是费尔贝恩和温尼科特，自恋依然处在昏暗不明的状态中。

在这背景中还有另外一对辩证关系，而这一对在随后成了争论的焦点，即自我缺陷论和心理冲突论，选择缺陷理论的人有费尔贝恩、温尼科特、巴林特、鲍比、沙利文和科胡特；而克莱因落单地与自我心理学联盟，坚持把冲突理论放在第一位。

在英国客体关系运动的早期，可以观察到精神分析有着各种各样的分支的辩证关系。其中一方是克莱因，另一方是费尔贝恩和温尼科特，他们分别研究着"客体关系"，最终把首先由弗洛伊德发展出来的自恋理论向前推动了一步,将其呈现得更为清晰。对克莱因来说,自恋(她极少用这个术语,也没有正式地谈论过这个概念)可以被理解为对客体的永恒的内在幻想,婴儿内射性地认同了这些客体,这揭示了婴儿如何通过初始的分裂样和躁狂防御转化了对客体的感知。换言之,根据克莱因的观点,婴儿是而且成了他所认为曾经对客体并还在对客体所做的那些事——*以及他如何防御这些觉知(躁狂性的防御)*。这个假设是基于这样的概念:被公认的意图性或意志的主体性根源(投射性认同)。这一点是 Symington 所强调的——我相信他的这一观点很可能是对的。其他的理论家——费尔贝恩和温尼科特,甚至是科胡特——对无意识意图的论述是不足的,而且看起来他们的主要观点是创伤-缺陷理论:无助的婴儿和客体提供的不利环境间非辩证性的关系。因此,克莱因似乎成了为外部客体(主要是乳房)而工作的调查员,她假定婴儿在滥用乳房,并对此进行调查;然而,从另一方面讲,通过在所推断的意图和心理幻想间建立联系(主要是投射性认同),她肯定了弗洛伊德(和亚伯拉罕)关于自恋性客体关系的直觉。在她手上,弗洛伊德(1917e〔1915〕)和亚伯拉罕(1924)对自恋者(无法哀悼,只能随着客体一起丧失或者完全否认丧失本身)内心世界作为相对静止实体的描述变成动态的、活生生的了。

另一方面,费尔贝恩和温尼科特(以及巴林特、鲍比、沙利文、科胡特等人)成了为婴儿而工作的调查员。但最后是科胡特(1971)提出把对婴儿的调查员职责看作"自体独立的发展线"

（独立于客体关系，如俄狄浦斯期和情结）。科胡特创新性的权威表述，很大程度上基于费尔贝恩和温尼科特的贡献，后来在美国成了一个真正的宣言。就如同女性解放运动开辟了女性意识的时代，在婴儿发展和儿童虐待研究的帮助下，科胡特在人类历史上空前地解放了婴儿和儿童。"正常自恋"和正常的自恋性权利的时代到来了。简单地说，婴儿和儿童有权利要求，他们的父母也有义务和责任提供最低限量的"自体客体"需求：安慰、镜映、监督、协调一致以及可以理想化的陪伴（"孪生"），以允许婴儿/儿童发展自体凝聚感。

距今不久，自恋这个概念因为与边缘性障碍的比较而复兴，边缘性障碍构成了一些更为常见的原始的心理障碍。罗森菲尔德（1987）重申了客体关系（弗洛伊德间接提到这个概念，但矛盾的是，他又反驳了它）这个概念的重要性，再次援引了弗洛伊德早些时候对自恋中自我理想的重要性的强调，并构想了一个特征性的内在客体——一个空想的蒙太奇或者魔鬼。可以这么说——那是由自我、自我理想，以及"疯狂的全能自体"构成的。当它在临床情境中起作用时，罗森菲尔德冠之以术语"自恋性的全能客体关系"。后来科恩伯格（1984）借用了罗森菲尔德的意象，并构造了他自己的"魔鬼"，这个魔鬼的特征是有着"病理性的夸大自体"，并由以下三者构成：(1) 真实自体，(2) 理想自体，(3) 理想的客体呈像。

在自恋的历史上，还有一个方面需要讨论——也就是自恋与*癔症*的神秘关系。癔症这个神经症统治了19世纪的精神医学并成为精神分析的源起之处,但在这个世纪的后半叶变得衰退了,让位给了当前兴起并很普遍的人格障碍——一种温和的冷漠、"隧道视野",情感处于表面的性质、在客体关系中肤浅和操控性的性质,这些都特征性地描述了 Symington 脑海中的人格特质,特别是对安娜·卡列尼娜——托尔斯泰小说中悲剧性的女主人公。

现在 Symington 提供了另外一种辩证关系——在选择或者坚决放弃*生命给予者*之间。对于前者,一个人会获得健康的心理基础;对于后者,就成了病理性的自恋。作者核心的插入点似乎是,健康的心智和病理性自恋间的平衡在于自恋性损害的创伤在婴儿期被处理的方式——究竟婴儿是屈服于它们并成了一个内在的恶毒的破坏者的囚犯(费尔贝恩的阴影),还是选择了抓住生命的礼物(人格化了*生命给予者*),并保持了自己的信念。在此我们会想起很多作者,其中有克莱因和她的追随者,他们那么辛苦地聚焦于分离的主题以及"缺口",还有 Eigen(1981),如之前所提及的,以及他对温尼科特、拉康和比昂所提的"信念领域"的贡献。

我自己曾经独立地探索过这个主题,它在婴儿发展和精神分析技术中处于核心位置,我的方法是援引心理学中的*单纯(innocence)*和丧失单纯。克莱因、费尔贝恩和温尼科特都同意,婴儿似乎在面对迫害(克莱因)和/或者创伤(费尔贝恩和温尼科特)时,会分裂他的客体和他的自我。克莱因强调了抑郁和前抑郁(迫害性)的方面,费尔贝恩强调的是这个分裂的分裂样性质,而温尼科特做了"真实和虚假自体"的表述。换言之,从单纯的角度，可以说弗洛伊德和克莱因把本能驱动的婴儿视为潜在的不真诚，因此也不单纯，但是有能力建立单纯，这是俄狄浦斯情结（弗洛伊德）成功修通的结果，以及/或者是达到或超越到抑郁位置的结果。可以认为，费尔贝恩、温尼科特和科胡特的观点是，严峻的创伤和剥夺会使得原本单纯的孩子失去他的单纯并且继发性地变得不真诚。温尼科特（1956）在他的《反社会倾向》中强调了丧失单纯。

首先让我们注意到原始的*单纯*这个概念及其命运的，是William Blake(1789—1794) 的《单纯和经验之歌》。在书中，他提出婴儿拥有原始的单纯，但这份单纯受到"经验的森林"（生活）的考验，如果他成功了并保持不妥协，他就超越到一个更高的单纯中。与单纯相联结的是与一个客体的联结，其本质相当于一个盟约，而丧失单纯的后果是一个未履约的状态，在其中个体觉得受到浮士德式交易*的束缚（Blomfield, 1985），甚或是恶魔般的内在客体的束缚，总是体验到受到那个客体的意图或意志的影响或操控，非常像Tausk（1919）的"影响的机器"的早期阶段。个体失去了他的自发性——这一点是Symington具有创新性的贡献，就如同阿里阿德涅帮助情人走出迷宫的线一样。

Symington断言自恋者通过对创伤的回应做了选择，他的概念——接受或者拒绝"生命给予者"，跨越并整合了冲突－缺陷两派的争论。这一论述，阐明了作者的信念，同时作者也听取了

---

* 为换取权力、知识或物质利益而牺牲精神，精神上得不到满足而苦恼。——译者注

VIII

创伤－缺陷流派的观点,即自恋性障碍总是起源于创伤情境,但是,是个体对创伤的回应决定了究竟是产生自恋性的弃权或者丧失单纯,还是产生真实的自体。

通过引用 Frances Tustin 的著作,作者还搭建了另外一个概念性的桥梁——孤独症和自恋之间的桥梁。我们已经看到,克莱因构建的自恋在本质上是躁狂,而费尔贝恩认为自恋是分裂样的。Tustin 对孤独症障碍的引人注目的研究帮助我们应用她的一些概念到自恋者中。由此,我们可以看到,如同孤独症孩子,自恋者使用客体并不是以正常的分享关系来获得正常的依赖和相互依赖,而是一种操纵性、寄生性的关系,在其中客体被诱惑并被控制,以此来使得自恋/孤独症主体保持全能和保护性的外壳。如同孤独症的孩子,自恋者憎恨客体关系,但又黏附于关系中,因此要操控他们来满足病理性的需求——也不得不受苦于其后果。他们憎恨独自一人,憎恨自己需要客体,但他们否认自己忌妒的情感——通过在幻想中盗取他们所需要的客体的那些品质来回避忌妒和感恩。当他们意识到自己的内在是如此未整合时,他们永远无法逃脱深刻的羞耻感。

Symington 的概念——*生命给予者*在正常和不正常的自恋中建构了独特且整合的观点,值得我们严肃认真地加以考虑。

序

　　这本小书是如何产生的？大约三年半前，我开始对"精神分析和宗教"这个主题进行工作。在这个研究中，我很早看到的这两个领域的联结点就是自恋。接着我意识到我并不知道什么是自恋，因此我给了自己一个任务：每天花二十分钟思考这个主题。思考的过程中我面前会有一台打字机，所以我一边思考一边打字。当我思考和打字的时候，一个奇异的创造物开始在我心里演化。在这一年底，这份努力使我在根本上改变了对精神分析的理解。因此这个项目已经达成了它的目标。我从来没有想到，这份努力的受益人除了我之外还会有其他人。

　　接着，在悉尼精神分析研究所的一次委员会会议上，大家讨论接下来的一年里我们可以提供什么样的讲座和工作坊，这时一个胆怯的想法进入了我的脑海：也许我可以把对自恋的这个尚未成熟的思考作为一系列的讲座提供给大家。我回家打开了打字机，看到我有足够的内容来做十次讲座。在我进行思考的时候，很幸运地我已经把自己的想法在不同的标题下归类，而对此主题的这些划分组成了演讲的材料。在接下来的一次委员会会议上，我提出了这个建议，得到了同事们全心全意的支持。

我认为这些演讲是成功的。演讲在悉尼精神分析研究所的一个中等大小的研讨室进行。因为这个房间最多只能容纳24个人，因此在接下来的一个学期里，我又重复进行了这个系列的演讲，再次有同样多的参与者。第二次演讲使我进一步澄清了一些概念。我的写作大部分从口语中来，我所得到的反馈是：吸引人们的是表达的简洁性。因此，当我进行第二次的系列演讲时，我已经开始考虑把口语转换成书面的内容。有了这个想法后，我对讲座进行了录音。当时我正在写另外一本书，没有时间编辑这些材料，但我很幸运地得到了一位编辑提供的服务：这个编辑努力地把我所说的转换成了文字，并且没有破坏演讲的个人风格。

大部分参加演讲的人是心理治疗师，但不是所有；我并不要求他们之前要具备精神分析文献中关于自恋的知识。我要求他们阅读的唯一书籍是托尔斯泰的《安娜·卡列尼娜》，他们几乎都在讲座前就读了。对于如何把所探讨的理论转换成有效的治疗性诠释这一点我没有进行讨论——因为你无法告诉一个治疗师在治疗中要说些什么。相反，对于每一段独特的治疗我希望能有些东西在过程中孕育出来，在时间成熟时滋生出新的诠释。

致谢

我要感谢悉尼精神分析研究所,这么慷慨地支持这些演讲,以及那些参加演讲的心理卫生专业人员。他们提出了一些非常有价值的建议,而这些建议被整合进了本书中。在每一次演讲后,我留了一些时间进行讨论,期间所提出的一些要点现在成了书的一部分。我要感谢 Gillian Hewitt,他编辑了所有的书稿,没有他的帮助,这本书就无法成为现在这个样子。我还要感谢 Elaine Menzies 从磁带中转录了这些讲座。如果没有我的秘书 Roslyn Pullen 和她的丈夫 Neil 忠诚的工作和奉献,这个工作甚至都不会被尝试。她帮我承担了那些最为烦琐的事物性杂事,因此我的心智和时间可以被解放出来创作这本书。我还要感谢 Karnac Books 出版社的 Cesare Sacerdoti 先生,感谢他对这个项目的热情并鼓励我投入其中。最后,但并非最少,我要感谢我的妻子 Joan。当我第一次提出把我对自恋的尚未成熟的想法转化为一系列的讲座时,她热忱地回应了我。她一直是我最好的评论员,而这次她也没有让我失望。如果本书是成功的,很大一部分要归功于她。如果没有我与她之间的关系,我永远都无法阐明那些理念,因此我衷心地感谢她。

目录

导言 ··· 1

第一章 设置舞台 ·· 7
　　纳西索斯的神话 ··· 8
　　积极和消极的自恋 ··· 10
　　心理治疗师治疗自恋的失败 ································· 12
　　识别自恋暗流的重要性 ······································· 13
　　概念性的工具 ·· 16

第二章 复合的自体 ·· 21
　　自体是关系性的 ·· 22
　　自体由部分组成 ·· 25
　　"我"与内在人格间的关系 ··································· 31

第三章 自恋的选择 ·· 35
　　开创创造性的活动 ··· 37
　　被弃绝的客体：生命给予者 ································ 42
　　定义生命给予者 ·· 45

第四章 自体的意图 ·· 47
　　背离生命给予者的起源 ······································· 49

　　　　卡西乌斯的神话 ··· 52
　　　　对神话的诠释 ··· 55

第五章　**自体的色欲化** ·· 61
　　　　克服恐惧是情感活动的范畴 ··································· 61
　　　　诱惑他人成为行动的源泉 ······································ 62
　　　　对操控他人的内疚 ··· 63
　　　　抚慰和刺激 ·· 65
　　　　抚慰的例子 ·· 67
　　　　无法处理任何不愉快的事情 ··································· 68
　　　　杀人所带来的兴奋感 ··· 69
　　　　破坏性和解离 ··· 71

第六章　**自恋的现象** ·· 73
　　　　自恋是一种心智 ·· 74
　　　　自恋被隐藏的方式 ··· 75
　　　　对他人的接受 ··· 78
　　　　说出自己的思考 ·· 80
　　　　关闭的态度 ·· 81
　　　　采取报复 ··· 83
　　　　不被允许说话的小孩 ··· 83
　　　　消极性和自杀 ··· 86

第七章　**创伤和自恋选择的关系** ···································· 89
　　　　创伤的本质 ·· 90
　　　　把自己推到创伤性的心理建构上 ···························· 91

目录

　　自恋的壳 ··· 94
　　累积创伤 ··· 96
　　朝向自恋的推动力 ··· 97
　　创伤会把一个人从自恋中拖出来 ····························· 97
　　抵御痛楚的保护 ··· 98

第八章　逆转自恋 ·· 99
　　逆转自恋的故事 ·· 100
　　自体对他人的侵犯 ·· 105
　　阻抗的力量 ·· 106
　　塑造自己的现实的重要一步 ································ 108
　　改变我们生命的情感事实 ·································· 109
　　无意识的决定 ·· 110
　　感受可以是错误的印象 ···································· 112
　　对幻想的意象和解决方案的绝望 ···························· 113
　　对技术的一些评论 ·· 115

第九章　这个理论与其他精神分析理论间的关系 ·················· 117
　　费尔贝恩的自恋理论 ······································ 117
　　梅兰妮·克莱因的自恋理论 ································ 122
　　温尼科特思考的自恋 ······································ 126
　　Frances Tustin 的自恋理论 ······························· 128
　　海因兹·科胡特的方法 ···································· 130
　　心理的成熟 ·· 131
　　内化的机制 ·· 132

自体客体内化的水平 …………………………………… 132
　　自恋的意义 …………………………………………… 133
　　矫正性的情感体验 …………………………………… 134
　　对上述理论的回顾 …………………………………… 135
第十章 自恋对性格的影响 ………………………………… 137
　　行动的领域 …………………………………………… 139
　　花椰菜男人 …………………………………………… 141
　　自恋是所有心理障碍的源泉 ………………………… 144
　　心灵的浩劫由不和谐的源泉所塑形 ………………… 145
　　对自恋的新方法 ……………………………………… 148

导言

当托尔斯泰在写《安娜·卡列尼娜》的时候,"自恋"这个词还没有被创造出来,但这个现象是众所周知的,而我认为托尔斯泰对此有着独一无二的理解。在本书的好几个章节中,我都引用了这部小说,在此我将对此书的情节做一个简短的概述。这个概述是选择性的,没有一个文学评论家会对此表示赞同。我在这个概述中选择了故事中能最好地阐述我的主题,并能搞清楚我所摘录的放在本书中内容的意思的那些元素。

该小说集中讲述了三对夫妇:安娜和她丈夫卡列宁、奥博朗斯基(有时候被称为斯基华)和他的妻子陶丽、吉娣和列文。要加进这三对夫妻的还有伏伦斯基,他与安娜私奔,一开始还追求过吉娣。安娜和奥博朗斯基是兄妹,吉娣和陶丽是姐妹,通过这种方式这三对夫妻交织在一起。在小说开始时,陶丽震惊和伤心,因为她刚刚发现丈夫奥博朗斯基与法语女教师有性关系。为了帮助自己和陶丽和解,奥博朗斯基请他妹妹安娜从圣彼得堡过来和他们待在莫斯科。安娜帮助他们和解了。在安娜待在莫斯科期间有一场盛大的舞会。吉娣痴迷地爱上了军官伏伦斯基,他先追求了她,而她刚刚拒绝了列文的求婚。托尔斯泰让读者明白列文是个值得的男人，而伏伦斯基则是个没有真正的教养的人。在舞会上，所有一切的安排都是为了伏伦斯基最后宣布向吉娣求婚。吉娣的父母和她的亲戚朋友也在期待着伏伦斯基向吉娣提出订婚。出乎意料地，伏伦斯基忽略了吉娣——这使吉娣蒙羞，并竭尽所能讨安娜的欢心，而安娜也全心全意地投入这份激情。

　　回到圣彼得堡，安娜开始了与伏伦斯基的外遇；卡列宁，她僵硬、不露情感的丈夫，谴责了安娜在公众场合的行为，同时却故意让自己看不见安娜的婚外性行为。最后，安娜爆出了她是伏伦斯基的情人的消息。卡列宁要求她注意在外面的行为举止，这样才不会让仆人起疑心。(这是卡列宁顽固抵抗、保持盲目的证据；仆人们总是比主人更早知道这种事情，而且不需要被告知。)接着安娜病得很重，几乎死掉，她提出要见卡列宁。将死之时，她几乎与他和解了，并说在她身上有另外一个女人，她对此很害怕，而且是这个内在的女人爱上了伏伦斯基。在这当中，伏伦斯基开枪想自杀，尽管受伤很严重，但没有死。安娜康复了，当她康复后，她发现自己之前对卡列宁的怨恨回来了；好像在冲动下，她与伏伦斯基私奔并与他进行了长途旅行——到意大利以及其他地方——最后回到了他在俄罗斯乡下的领地上，与他生活在一起。

　　列文依然爱着吉娣，最后通过奥博朗斯基的帮助，两人相互谅解、亲善友好，并订了婚。这羞怯但又有勇气的一对迟疑着，然而还是走到了一起，书中对这一段的描述最为动人。婚后不久，列文收到他的哥哥尼古拉快要死去的消息，他要立即赶去看尼古拉。吉娣说要和他一起去。一开始列文拒绝了，但吉娣坚持同去，最后他们一起到了遥远偏僻的一个镇上的肮脏的旅馆。在那里吉娣用她所有的女性的坚韧的养育功能照顾了尼古拉。她获得了列文的尊重,而读者理解了吉娣的决定所带来的情感上的有利的结果。读者在这过程中参与了人类生活的戏剧,尤其当它在婚姻生活中展开的时候:列文一开始被拒绝时的失望,羞怯的求婚,订婚时的焦虑,列文哥哥的死,他们孩子的出生。列文挣扎着努力去理解生活的意义,为自杀的念头所苦,但"继续活着"。在书的结尾,列文找到了意义;他完成了从无意义到有意义的过渡。

另一方面,安娜开始沉迷于想着伏伦斯基是否爱她。即便是他从她身上分心的最轻微的迹象,她也会给予最糟糕的解读。她越来越受折磨,最终卧轨自杀——"那光芒闪烁着,最后变得黯淡并永远熄灭了"。(我对吉娣和列文、安娜和卡列宁的心理态度进行了比较,来说明自恋的暗流存在于这两对伴侣身上,但在安娜和卡列宁这一对上更为严重和顽固。我认为伏伦斯基是个内在的强奸者,他攻击了两对伴侣的心理过程;他在后一对上成功了,但在前一对上失败了。我把陶丽和奥博朗斯基这一对放在这两对之间的中间位置上。)

对小说情节的简要概述是对阅读或重新阅读《安娜·卡列尼娜》的糟糕的替代品,如果有时间,我鼓励读者们都去读读原著。但这个概述足以给我在本书中提及和摘录的部分提供参考。

我所使用的一个用来说明自恋的核心概念是我命名为*生命给予者(lifegiver)*的术语——一个在非常深的层次上心灵可以选择或拒绝的心理客体。我意识到这暗指着目的论(teleological cause）的原因，而这是很多精神分析学者所排斥的。特别是那些对弗洛伊德和精神分析感兴趣的心理学家和哲学家会被这个"不科学的入侵"所冒犯，但我建议不要草率地把它给打发走，我想请那些忠实于只是通过有效的因果关系来解释心理现象的学者考虑一下，那种框架可能并不足以解释精神分析师在他们的日常工作中努力去理解的临床现象。在最近的一段时间里我日益清晰地看到，临床医生在他们的工作中应用的实际理论与在大学中学习到的精神分析之间有着鸿沟。

我把这个对自恋的研究视为一个实践性的方案，其目的是理解受此状态折磨的病人的痛楚。很多年来，我认为自恋的病人是那些在发育早期受到创伤的人，而且这本身就足以解释自恋状态。今天我确信童年期的创伤不足以解释自恋的起源；我认为其病因并非创伤本身，而是个体对此的回应。当临床医生遇见这个个体时，这个人存在着与创伤的情感关系，依然用这种模式在应对曾经的创伤与生活事件。很多年来我忽视了是这个至关重要的因素在伤害着病人。自从我开始以书中所建议的那样来思考自恋时，我在处理自恋问题时变得更为有效。在我所提出的主张之下，有一个情感行动的理论为基础。我意识到有些表述还不成熟，而且，尽管我对精神分析整个的理解根本性地改变了，但我还不能够用理论性的语言来阐述其中的一些观点。我相信心灵的基本结构存在于朝向一个心理客体的情感行动中，而这类行动是朝向一个心理客体的，它们的源泉在自我中。这类行动无法被感觉到，但能够被知道。这样一个理论取代了弗洛伊德的本能或驱力理论，我确信，固着于本能或驱力理论会让我们无法真正明了心灵的情感行动。我们还需要大量艰难的思考来把这些概念放到一个有意义的心理学的框架中。

第一章

设置舞台

我们的任务是努力去理解自恋是什么：我还在考虑这个主题。而我对我要说的一些内容还是感到不太满意。我认为，部分原因在于我们用以工作的心灵模式，我们大部分的精神分析师或者那些受精神分析理论影响的人，以及我们所具有的心灵模式并不足以解释自恋现象。因而依然需要大量的基础工作来建立一种心灵模式，以使得这个现象可以被理解。

根据 James Strachey 的说法，"自恋（Narcissism）"这个词是由性学家 Havelock Ellis 和 Paul Näcke 介绍而来的。1898年 Havelock Ellis 用了"像纳西索斯（Narcissus-like）"这样的术语，第二年 Paul Näcke 用了"自体观窥欲（Narcismus）"这个术语。而在随后的90年里，自恋已经变成一个家喻户晓的词语；精神分析界对此主题给予了巨大的关注，该术语在此领域比几乎所有其他领域都要用得更为频繁。

自恋：一个新理论

纳西索斯的神话

1960年Robert Graves在他的书《希腊神话》中讲述了纳西索斯的神话故事。

纳西索斯是个悲剧演员，他是蓝仙女Leiriope的儿子。河神Cephisus曾经用溪流环绕了Leirlope并掳走强奸了她。先知Teiresias告诉Leiriope——她是第一个向他请教的人："纳西索斯会活到成熟的老年，假如他永远没有认识到自己。"

（也许你会想起年老眼瞎的先知Teiresias也出现在俄狄浦斯的故事中。）这个预言，"活到成熟的老年，假如他永远没有认识到自己"，是理解自恋的关键。

任何一个人都可能毫无理由地爱上纳西索斯，即便他还是个孩子。当他16岁的时候，他的路上布满了被他无情拒绝的爱人，无论是男性还是女性；因为他固执地为自己的美丽感到骄傲。

在这些爱他的人中，有一个是伊可*仙女，她无法用她自己的声音，只能愚蠢地重复他人的嚷嚷。有一天当纳西索斯出去捕捉牡鹿，伊可偷偷地跟随他通过没有路的森林，渴望着向他致意，却无法先讲话。最后纳西索斯发现他和同伴走散了，就喊道，"有

---

* Echo，回声。——译者注

人在这里吗?"

"这里!"伊可回答。

"过来吧。"

"过来吧。"

"你为什么回避我?"

"你为什么回避我?"

"让我们一起到这里来吧!"

"让我们一起到这里来吧!"伊可重复。

在神话中纳西索斯与伊可(回声)在一起,其意义重大。被自恋暗流统治的人的一个重要特征就是他们只是他人的回声,而那些回声可以是非常世故的。当病人只是在自恋的结构内继续展开其对话,作为分析师或治疗师要把这个识别出来,这是治疗的合理适宜的任务。

"让我们一起到这里来吧。"伊可重复着并快乐地从她隐藏的地方冲了出来拥抱纳西索斯。然而他粗鲁地把她推开并跑开了。"在你和我躺在一起前我会死掉的。"他喊道。

"和我躺在一起。"伊可恳请道。

但纳西索斯已经走了,她孤独地在幽谷中度过自己的余生,因爱和羞辱憔悴消瘦,直到最后只有她的声音还存留着。

有一天,纳西索斯送了最坚持不懈地追求他的人 Ameinius 一把剑,Ameinius 河即是以他的名字命名的;它是流入 Alpheius

的 Helisson 河的支流。Ameinius 在纳西索斯的门前自杀，并请诸神为他报仇。

Artemis 听到了这个请求，并让纳西索斯坠入爱河，可是不让他完满达成爱。在 Thespia 的 Donacon，纳西索斯碰巧看到了一汪泉水，清澈得如同银盘，从来未曾受到牛、鸟儿、野生动物的打扰，甚至没有树枝倒映其上。当他精疲力竭地在泉水边的草地上蹲下，弯腰喝泉水解渴时，他爱上了自己在水中的映像。一开始他试着去拥抱并亲吻面对着他的这个美丽的男孩，但不久他认出了那就是他自己，他躺着，狂喜地持续凝视着水池。他如何能忍受既拥有却又没有拥有呢？悲伤摧毁了他，然而在痛苦折磨中他感受到喜悦；至少知道无论发生什么，他另外的自体对他依然保持真实。

伊可与他同悲，尽管她并没有原谅纳西索斯；当他把匕首插入自己的胸膛，在最后断气前哀叹，"唉，年轻人，徒然地被爱着，再见！"她同情地回响着，"唉，唉……"他的鲜血浸透了土壤，那里长出了有着红色花冠的白色水仙花。

积极和消极的自恋

我现在想对积极自恋和消极自恋说几句话。如今学界已经形成了这样一种惯例来谈论自恋，把这两方面描述为不同的实体。我认为这是个错误，因为积极和消极总是并行的——没有其中一个，另一个也不存在。它可能只是语义上的问题，比如说，有人在谈论积极的自恋，也许会谈到自尊或者自信。然而，我宁愿不把这个称为积极的自恋，因为我认为它会导致困惑。C. S. Lewis（1998）在他的书《讶异于喜悦》（*Surprised by Joy*）中，对他所称的自我中心和自私进行了区分，具体如下。

这是我的理想，那么这（几乎所有）是真实的，即"安稳、沉静、享乐主义的生活"。毫无疑问，为了我自己的好，我通常阻止自己去过这样的生活，因为这样的生活几乎完全是自私的。自私，而不是自我中心；因为在这样的生活中，我的心思会导向一千种事物，其中没有一个是我自己。这个区别很重要。我曾经碰到的一个最为快乐，也最令人愉悦的同伴是极为自私的。另一方面，我认识一些能够做出真正牺牲的人，然而他们的生活对自己和对他人来说完全是悲惨的，因为他们的自我关注和自我怜悯充斥了他们所有的思维。两种情况最终都会摧毁灵魂。但是，还是把那个为自己争取最好的一切的人给我吧（即便以我为代价），至少我们可以谈点别的事情；而不要把那些为我服务而不断在谈论自己的人给我，恰恰是他们的好意成了持续的指责，持续地要求怜悯、感激和欣赏。

如果自我中心只是作为一个临时的定义，它并没有充分地表达自恋究竟是什么，那么去谈论"健康的自私"就有意义了。从另一方面讲，去谈论健康的自我中心是没有意义的，如果积极的自恋意味着一个人内在的自信，而且足够清楚了，那么这并不是自恋。在精神分析的世界里，有着大量混乱的用语，结果是人们常常在谈论相反的东西。

心理治疗师治疗自恋的失败

我认为，我们这些心理治疗师在碰到自恋时大部分是失败的。有着各种各样的标准显示着自恋的存在，其中一个是接受批评的能力。人们可能会认为，一个通过了高强度心理治疗课程的人会有能力接受批评，但通常情况下并非如此。我们中的很多人都接受过心理治疗——甚至是长期的心理治疗或精神分析——依然受困于严重的自恋障碍。有时候这样的障碍会让人跛行。这是一个严重的情境；此外，我认为，大部分精神障碍从自恋中产生。

很多时候，我治疗一些之前接受过分析或治疗的病人。在其中一些个案身上，我很震惊自恋这个问题从来没有被讨论过。几年前，来自伦敦的分析师 Sydney Klein 给分析师们做了一个关于孤独症的讲座。在那个演讲中，他说了在过去的几年里他做的16个分析治疗，这些治疗要么是第二次，要么是第三次的分析治疗。他发现所有这些病人都有他所称的没有被触及，或者自然没有被解决的孤独症区域。我认为自恋和孤独症是一元的临床实体，我会在后面对此进行探索。

卡尔·亚伯拉罕说，精神分析的目标是在人格的基础上把事情安顿好，确保个体将来不会罹患精神疾病。显然，这是一个理想，在我们的工作中我们一定达不成这个目标，但我的观察是，我们简直离它太远了。我想我们甚至看不到这个理想，而只是满足于症状的缓解。很可能治疗之后病人感觉好多了，即便没有讨论过自恋的问题，但在危机时刻个体会觉得还需要再去接受治疗。

识别自恋暗流的重要性

识别出被自恋的人格结构所统治的人是极为重要的。因为，这样的人，无论如何有天赋，对他们所归属的社会结构会带来相当的破坏——给家庭、工作单位、俱乐部、社群等。

自恋并不只是存在于个体身上，还会传染给所在的机构。区分足够好的机构和病理性机构的方式之一就是，它是否有能力把自恋性格的人排除在核心位置之外。我曾经在一些被自恋暗流撕裂的机构工作过。似乎从机构一成立，它们就在那里，而在这样的环境下，几乎做不了什么创造性的工作。然而在另一些我曾经工作过的机构，尽管也有大量的自恋和忌妒，但仍然促进了很多创造性的工作。在这些地方，高度自恋的人通常被阻止获得资深的位置。在自恋暗流这个问题上，能够对一些机构做诊断是很重要的。

然而，最为重要的是，要有能力识别出我们自己性格中的自恋暗流。我们中没有人可免于自恋，而这种情况的一个根本点在于它给我们的自我认识带来盲点。你常常会听人们说，"哦，我是非常自恋的",或者"这对我来说是个自恋性损伤"。这样的评论并不是对情况的真正认识;它们其实是被抛弃的线索。真正认识到自己身上的自恋会让人感到痛彻心肺。

Bettelheim 在他的书《弗洛伊德与人的灵魂》(1983) 中清晰地写了在多大程度上从事精神分析和心理治疗的人,对自己身上存在的东西视而不见。

近四十年来,我给美国的研究生和精神科住院医生教授精神分析课程。一次又一次,我看到英文翻译(他在此谈的是英文翻译著作)是如何严重地阻碍学生对弗洛伊德的著作和精神分析获得真正的理解。尽管大部分聪明且热忱的学生很渴望了解精神分析究竟是什么,我也很乐于教授,但他们大部分都没有办法真正学到。而且,我发现精神分析概念几乎总是不变地对这些学生来说变成一种只在安全的距离去看他人的方式——这些内容与他们自己一点关系也没有。他们通过抽象的镜片去观察别人,试图通过理智化的概念来理解他们,从不把凝视的焦点往内放在自己的灵魂或无意识上。这种情况甚至对那些自己接受精神分析的学生来说也是如此——它并没有带来能感知到的区别。精神分析帮助他们中一些人能更好地与自己和平相处,能更好地应对生活;帮助其他一些人从困扰人的神经症性症状中解脱出来,但他们对精神分析的误解依然存在。这些学生感知到的精神分析纯粹是一个理智系统——一个聪明、令人兴奋的游戏——而不是获得对自己以及对自己行为的内省,而这些东西潜在地、深刻地让人感到苦恼。他们所分析的总是其他人的无意识，几乎不曾去分析他们自己的。他们没有充分地去思考这个事实，即弗洛伊德为了创立精神分析和理解无意识的工作原理，分析了他自己的梦，理解自己的口误以及他忘记一些事情或者犯各种其他错误的原因。

Bettelheim 在此所指的是自恋，这与自我认识深刻对立。

被自恋暗流强有力地控制住的人摧毁自我认识的方式之一，我想我们中的大部分人都知道，就是把性格中自己不想要的方面投射出去——嫉妒、妒忌、施虐，或者其他；而病人还会把完美的形象投射到治疗师身上。对分析师和治疗师来说，基于对自我认识的否认所做出的诠释与源起于对自身内在的认识所做出的诠释，两者有着巨大的差别。如果分析师否认自己身上的这些特质，而向病人指出病人是残忍的，或者说他们看起来表现得很有占有欲或者挺嫉妒的，这是没有治疗价值的。当这种情况发生的时候，要么在治疗师和病人间发展出谴责的气氛，要么治疗师试图去让病人安心，而无论哪种情况都没有治疗价值。

有人曾经对我说，弗洛姆能够这样对病人说，"你过着自我中心的生活，你只不过是在构筑自己的巢，而你大部分的问题都源于此"，这听起来又没有谴责的意味。他说这些话的方式就像在陈述事实，没有什么他想从自己身上摆脱的特质。对我们这些诊治病人的人来说，去理解我们自己身上的自恋暗流，这是极为重要的。

概念性的工具

现在我想梳理一下我们所需要的一些概念性的工具以理解自恋。

首先,我们需要"知识"这个概念。当我们说知道什么的时候,通常我们指的是我们拥有一些真实的知识。尽管也许你知道,有些哲学家如 Berkeley 认为,真实是个幻象,我们不能知道任何存在于我们之外的东西。在我们知道什么和我们臆想或感觉到什么之间,有着巨大的差别。

我们还需要有能力去想象心理真实——那些无法被闻到、被触摸到、被看到或被听到的真实。这样的真实的例子如友情、幻觉、梦、一个思想、一种感受、一个直觉、一个意图、一份判断、真相、善良、勇气、自信、抑制、全能感、谦卑、残忍、报复、自我憎恶、怨恨、爱、内疚、羞耻、欺骗。这些都是真实,在于我们都能够知道它们。它们是知识的心理客体。在努力把自恋概念化时,我用了一个特别的心理客体,我称之为"*生命给予者*"。随后我会再详述这一点。

我们把一些品质,如善良和丑陋归结为心理客体。我们评判残忍是坏的、爱是好的、真实是好的、欺骗是坏的、自信是好的、抑制是坏的,等等。对心理客体的品质保持分析性或治疗性中立——这个概念完全是个错觉。每个心理治疗师都会做评判,而每个病人也会做评判。比如说，病人来了，抱怨抑郁并评判它是坏的。治疗师可能对病人的抑郁的评判不同，但是无论如何，还是做了评判。

我们还需要一些自体的概念，以及投射和内射的概念，通过这两个机制我们与其他人进行相互的联系。两个没有生命的物体，比如在海滩上的两块石头，是不会相互渗透的。但一旦我们跨越了生命和非生命物质世界间的巨大界限，一个生命体渗透另外一个的能力就不一样了。

法国哲学家 Henri Bergson 在他的著作《创造性演化》(1919)中，描述了蜾蠃蜂，它会在毛毛虫的身体上准确地叮一个口子，并使其麻痹。然后蜾蠃蜂把卵产在毛毛虫麻痹了的身体上；三天后那些虫卵孵化在毛毛虫活着但已经麻痹的肉身上，而这肉身为小幼虫提供了食物。如果蜾蠃蜂叮的位置离正确的位置有一毫米的偏差，它就把毛毛虫给杀死了，整个过程就无法运作。Bergson 以一种赋予人性的方式问道，"蜾蠃蜂如何知道叮在准确的位置上？"他对"通过本能"这个回答并不满意；他认为这两种昆虫之间存在着一种共感的交流，使得蜾蠃蜂能够"感受"到要叮在哪里。

我们与其他人进行接触交流，要么是通过把自己投射到他们的世界中，要么就是把他们内射到我们的世界中。我们要么把自己放在其他人的鞋子里，要么把他们放到我们的内在中。大量的心理行动持续地发生在一个深的层次，在觉知的阈值之下，它们要么是把我们的事情搞得一团糟，要么是创造性地提升我们以及与我们有密切联系的人。自我——如果你喜欢称之为自我——是活跃的，它会做一些如认同、投射、内射、分裂或者结合等的工作。反之，你可以说选择发生在一个深的层次。我发现一旦我这样说，人们想到的是在意识水平的那种选择，所以我想举个例子说明一下我所谈论的选择的水平。

我在伦敦的时候，有一个同事要休一年的假。他问我是否愿意在他的病人有困难的时候看看他们，我说愿意。他按计划休了一年假，在第六个月时他的一个女病人给我打电话，并问她是否可以来看我。她来看我的原因是她之前有两个男朋友，两人都阳痿，或者说在与她的关系中都阳痿了。而让她感到恐怖的是，她的新男友——叫他 Michael 好了——也变得阳痿了。我有点左右为难，因为我意识到这是一个相当深的问题，而我的同事六个月后就回来了，而且看起来支持性的治疗本身并无法帮到她。无论如何，我给她提供了20次治疗，一周一次，这样可以把她带到接近我同事回来的时间。

她过来并谈了她的背景、她的父母、兄弟姐妹。我听着，做点无伤大雅的评论。大概在第四次治疗的时候，有些东西结晶了，当它出现在我的心里而我想把它表达出来的时候——我失去了它。在下一次治疗的时候，同样的事情发生了：有些事情变得清晰，在我准备做诠释的时候，它蒸发了。我把她男友的阳痿和在我心里发生的事情做了联系，我很确信两者之间是有联系的。我把这视为我的责任，下一次有什么东西结晶的时候，能够在心理上保有它并把它表达给她听。之后在一次治疗中，有些东西的确显得清晰起来，我把自己所有的心理注意力都集中在上面并做了诠释。我用言语表达了出来，接着是沉默。我感到我所说的被她接收到了。

在接下来的一周她回来，面带笑容对我说，"当我回家的时候有趣的事情发生了。Michael 走了过来，我们开始做爱，而他能够插到我里面，完全没有问题。我感到这与你和我之间的那次治疗有关。"我毫不怀疑通过我自己对所发生的事情的心理关注，通过我所做的诠释，以及我们之间的互动，她内在发生了变化，而这影响到了她男友和她做爱的能力。

她不知道改变是什么，但她的心理活动改变了，而这改变了她的环境。心理选择和行动改变了环境中的人们，特别是亲密环境中的那些人。如果没有抓住这个概念性的要点，一个人永远无法理解自恋。

哲学家 Edmund Husserl(1973) 说，自我总是活跃的。即便在接受中，它也是活跃的。

这个现象学上必要的概念——接受性，绝不是排斥性地与自我的活动相对立。从自我的这一端出发以特别的方式进行着的所有的行动都要被涵括在内，而接受性必须被视为自我的活动的最低水平——自我同意所到来的并吸收了进来。

我们都知道，在一个消极的幻觉中很可能会完全拒绝外界进来的刺激。在伦敦，在我的咨询室的墙上，曾经有一幅巨大的油画。有一个病人到我这来了两年，有一天他走了进来，看着它说道,"你把一幅油画挂上去了。"那他之前一直看到了什么?他完全抹去了那幅画。他的自我有必要活跃起来,这样他才能接受到这个印象。只有我们接受的时候心理的事件才会发生。对之前提及的那位女来访者当我做那个诠释的时候,她接受到了一些东西,而这个心理行动改变了她男朋友和她做爱的能力。我用这个例子来显示自我的活动发生的水平。

此外,"类比"这个概念也是很重要的,因此当谈论一些发生在觉知水平之下的行动时,谈论自体的活动,或者谈论自体的部分时,我们可以用类比的语言。通过这样的方式我们可以接近无法直接体验的事物。源于对世界的有意识的感知的语言和概念总是必须要用类比的方式来使用,当它们指向那些只能被意指的事物时。

最后,我还频繁使用的一个概念是"忽略的原则"——当有什么事情被做了,总是有什么事情没有被做。这看起来是显而易见的,但往往那没有被做的事情对理解事情至关重要。比如说,在自恋中,传统上把它定义为自我把自体作为爱的客体,而核心问题是:什么是没有被做的。

因此,我们为了尝试着去理解自恋所需要的工具是这些概念:知识、心理真实、复合的自体、投射和内射、类比以及忽略的原则。

第二章
复合的自体

每一片段都与其他的现实片段交织联系：无论何时我们定义一件事情，都是在它与其他东西的关系中定义它。以没有关系的方式思考现实的唯一方式是思考整个的现实——整个宇宙作为一个整体，没有任何东西在其之外。我们所发展的任何一个理论都描述了与其他方面相联系的某一方面的现实。举个例子，如果我正站在沙滩上看着海浪边上的海鸥，随着时间的推移注意到它们慢慢朝沙滩更高的地方移动。为了对自己满意地解释这一幕，我得用到好几个科学概念。我需要理解说，海鸥向岸边移动，因为正在涨潮。为了理解涨潮，我得求助于地心引力原理以及月球对地球的牵引力，从而创造了海潮。我还得理解地球对月球的地心牵引力。为了理解这个，我还得理解地球的质量和月球的质量以及两者之间的关系。所有这些只是部分解释了为何海鸥会飞向沙滩，而不是全部。为了理解这个，我得知道海鸥是有机体，它发展进化以适合一个特殊的生态小环境——它要做清道夫的工作，以腐烂的生命物质为食。为了理解这个，我得要有一些进化理论的知识。所以只是要解释在我面前这个相当简单的景象，我得要掌握一些科学概念。为了解释任何在我们面前的事务，我们需要正确评价一个事物和另外一个事物间复杂的互动关系。

自体是关系性的

当我们讲到自体这个概念时，我们得好好看看自体是如何构成的。自体在天性上就是关系性的，它总是在人类社会中与其他的自体处于关系之中。从出生，甚至只是从受精开始，就是这样的。当婴儿出生，如果其内在没有去寻找妈妈、寻找乳房的倾向，婴儿就会死掉。这种关系的性质渗透于自体的所有部分，就像地心引力渗透于地球上的所有物质。当我们继续时，我们看到，自恋的核心是对关系的憎恨——对某种东西的憎恨根植于我们的存在。

一份"关系"意味着两个或更多的部分。如果两样东西相同，他们之间就不再有关系。如果在桌子上有两杯牛奶，它们彼此间会有关系；但是如果我把它们倒进同一个壶里，那就没有关系了，只是牛奶。在对关系的憎恨中，自恋运行的方式之一是破坏分离。被自恋暗流统治的人们，他们自己与他人的分离是失败的，他们会认为你想的与他们想的一样。

因此，自体的存在是在与他人的关系中被塑形的。我们把自体与他人建立关系的部分称为客体（客体关系理论指的就是这个客体），而自体的另外一部分称为主体。这个主体-客体特质

第二章 复合的自体

渗透进自体中,其方式就如同在水中处处发现水分子。如果自体的任何部分与其他部分是解离的,那么解离的部分也承载着相同的主体－客体结构。我提出这一点,因为存在主义的分析师如罗洛·梅和他的流派所有努力的核心在于个体的存在本身,他们否认了自体的主体－客体特性。我对他们提倡达到个体的天性存在表示赞同,但是他们不相信这个存在是以主体－客体的方式被构成的,这是错误的。就我所知,好像那些把自己基于客体关系理论的人也会主张客体是解离于主体的。但事情不是这样的。存在的整体渗透了所有的部分。

把自体的主体－客体特质最清晰地概念化出来的人是荣格。1935年,他在伦敦的Tavistock诊所做了一个系列的五个讲座,简单、清晰地总结了他的观点,这些讲座非常棒。在讲座的第三篇,他说道:

女士们,先生们,这把我引向了一个非常重要的事实——一个带着它所具有的张力或能量的情结有着形成其自身小小人格的倾向。它有某种身体,以及一定量的自己的生理特征。它会让胃部不适,让呼吸不畅,干扰心脏——简而言之,它表现得像部分的人格。比如说,当你想要说或做什么,很不幸一个情结干扰了这个意图,然后你说或做了某些与你原来意图要做的不一样的事情。你只是被打断,而你最好的意图被这个情结弄得很心烦,恰如你被一个人或被外界的环境所干扰。情急之下,我们真的被驱使着去讲情结的倾向,就好像这些情结受到一定的意志力量的影响似的。当谈到意志力量，你自然会问到自我，那么属于情结的意志力量的自我在哪里呢？我们知道我们自己的自我情结，这被认为完全在身体的掌控中。它不是，但让我们假定它完全占有身体的中心，而那里有一个焦点我们称为自我，而自我有一个愿望，能够用其各种元素去做点什么。自我也是一个有高度色调内容的凝聚体，所以在原则上，不存在自我情结和其他情结之间的区别……

所谓的意识的统合是个幻想。它真的只是个愿望般的梦想。我们喜欢认为我们是合一的，但我们不是。断然不是。在我们的房子里，我们不是真正的主人。我们喜欢相信我们自己的意志力量、我们的能量和我们能做什么；但当它被揭秘的时候，我们发现我们只能做到一定程度，因为我们受到情结的小魔鬼的阻挠。情结是联想的自动群，有一个倾向就是顺遂自身的移动，活出自己的生命，并与我们的意图分离。我认为我们个人的无意识，就如同集体无意识，组成了一种不确定性，因为有大量的未知的情结或碎片状的人格组织。

所以，你看，他谈到了每一部分间都存在着主体－客体。我想强调的一点是（他在结尾稍微有点含混不清），每一个部分本身都是其自身行动的源泉。我并不反对"客体"这个单词在客体关系理论中的应用，只要能够理解到客体也是行动的主体。如果一个人没有意识到这一点，那混乱就不可避免了。

当我们谈论内化的妈妈、爸爸、兄弟姐妹或任何什么，这些是内化的客体，而这些客体会行动，他们在人格内部行动。在特定的点上，他们甚至会占据整个人格。

自体由部分组成

我想强调一点——自体由部分组成。比如说，如果我对某人有偏执观点，我会说他只是在中饱私囊或者说她只不过是个嫉妒的坏女人。或者相反，我会说某个人是完全奉献的并很会照顾人。然而，让人在情感上有"一个人可以是好和坏的品质的混合体"这样一个理念似乎很困难，我们会说某人很腐败但是很智慧，忌妒但是很会照顾人。你看，我不得不用"但是"这个词语。我们不会去这样描述某个人，说他忌妒而且很会照顾人。我将引用毛姆在他的《写作生活回忆》中所说的：

在人类身上最让我震惊的是他们缺乏一致性。我从来没有看到一个人是全然一体的。这让我感到惊奇：最不调和的特质会存在于同一个人身上，而所有这一切生发了一个看似真实的和谐。我常常问自己，这些性格特质，似乎是不能协调的，如何存在于同一个人身上。我认识一些能够做出自我牺牲的骗子，一些鬼鬼祟祟的小偷有着甜美的天性，以及一些妓女，对她们来说，给予金钱是一件很有尊严的事。

随后在此书中，毛姆写到了一些作家：

但是在作家身上，他不是一个人，而是很多人。正因为他是很多，所以他可以创造很多，而他伟大的程度在于他所涵括的自体的数量。当他塑造了一个不能让人信服的人物时，那是因为他身上没有这个人；他不得不依靠观察，因此只有一些描述，无法真正将其创造出来。

作家并不是"为某人"感到，而是"在自己身上"感到。他所感觉到的不是同情，而是共情，同情常常导致多愁善感。在心理治疗的工作中，治疗师需要"在自己身上"感受到，但是相反，常常发生的是"为某人"感到。我想很可能相当一部分的自恋障碍持续没有得到解决，是因为治疗师在治疗的努力中，只有"为某人"感到，而没有"在自己身上"感到——这是同情，而不是共情。

在 Thomas Keneally 的书《辛得勒的名单》中，他描述了奥斯卡·辛德勒性格中结合了的完全不同的要素，这是一个很好的文学作品的例子。你可能会知道，辛德勒是一个现实生活中的人。在序言中 Keneally 这样写：

奥斯卡·辛德勒先生在古老而优雅的克拉科夫街区结冰的街道上穿上了他闪烁着微光的鞋子，他不是传统意义上所认为的一个有道德的男人。在这个城市，他与自己的德国情妇住在一起，并与他的波兰秘书保持长期的外遇关系。他的妻子爱米莉选择大部分时间居住在摩拉维亚的家中，尽管有时候她会到波兰来看他。可以这样说，对所有的女人，他都是一个慷慨且彬彬有礼的情人，但在常规的对美德的诠释中，这并不是借口。

同样，他是一个酒鬼。有时候他喝酒只是为了快活，有时候则是与合伙人、官僚、党卫军，为了一些明显的利益而喝。与其他一些人一样，他能够在喝酒的时候保持谨慎，并让头脑清醒但是在狭隘的道德解释下，这从来都不是寻欢作乐的借口。而且尽管最终辛德勒先生的功绩被载入史册，他的矛盾性在于他是在腐败和残忍的框架下，或至少是利用腐败和残忍的力量达成了这一点。

Keneally 继续强调了一个人身上非常不同的元素，这些部分似乎都独立于彼此在运作。我曾经认为智慧和腐败是相互排斥的，直到我碰到一个人，他似乎又智慧又腐败。也许如果他不腐败，他会更加智慧，但这两种素质似乎的确共存于这同一个人身上。之后，我将讨论我们整合的欲望以及人格如何整合自身。这些部分可以处在对彼此开放的状态中，或者它们可以相互反对。

在《安娜·卡列尼娜》中（在介绍中我给出了其大纲），托尔斯泰描述了安娜身上的不同部分是如何运作的。在她好像要死的时候，她对卡列宁所做的感到抱歉和遗憾，她身上很不同的人格浮现了。而当她康复了，在伏伦斯基回来后，有些东西在她身上封闭起来，她又开始拒绝接受卡列宁。

在小说中有很多地方你可以看到某个人物身上不同的部分在运作。比如说，有这样一个情节，陶丽在和列文以及吉娣住在一起的时候，决定去看看在伏伦斯基的产业上住着的安娜和伏伦斯基。她到那里，期待着看到安娜。在那晚上优雅的晚餐中，陶丽感觉很糟糕而且不愉快，晚餐结束的时候，她觉得每个人都在表演。她回到卧室，安娜进来与她谈心，但那时陶丽已经决定在第二天早晨回到列文那里，而不是像原计划想的那样再待两天。在离开列文家的时候，她感觉自己被母亲照顾孩子的责任沉重地压倒，但是在一天内，她以一个崭新的视角来看待这些照顾的责任，并急切地想回家看孩子。在回去的旅程中，车夫说，马没有被很好地饲养，回家后，可以把它们养得好一点。有趣的事情是，陶丽明确地感到不愉快。当她回去的时候，列文和其他人问安娜和伏伦斯基怎么样，陶丽说她得到了很好的接待，一切都很美好。她并不是在撒谎——她只是回到了她的社交人格，而她的洞见和感受在她身上的其他部分。

一个人的不同部分的实例我们可以在安娜自杀前那段描述里看到。她对自己说，"也许我可以去把所有的真相告诉陶丽。"她坐上马车去见陶丽。当她到达时，她发现吉娣在那里，并失去了勇气。她有一种欲望，但是另外的东西占据了它，而她放弃了。

伟大的文学作品旨在描述我们自身的不同部分，灵魂的内在冲突。安娜无法把自身的不同部分导向和谐：她想要和谢辽查（她的儿子）在一起，她希望被社会接受，她想要得到伏伦斯基的爱，她想要卡列宁善待她。内在的不统合让她感到痛苦，她对这种不统合又难以忍受，这更加滋长了痛苦。

人格并非是单一整体的现象。我们都由部分组成，每一部分都有能力作为一个分离独立的小个体来运作。人类最基本的心理问题是让所有这些部分和谐地在一起行动。当我们说某人有着情绪问题，意味着他们对"把它糅合到一块儿"有问题——即成为一体。我们热切期待着成为一个整体，但它总是在挣扎，因为我们在与某种东西作战。这种对一致的挣扎是动力性心理治疗的核心。当有人来做咨询的时候，它并不是就这样被提出来，但是病人意识到有什么事情不对，因为有些东西在运作，而这与他们意识的兴趣相违背。

意识和无意识概念的区别是基于个体在自己身上意识到了什么，有能力意识到什么，这与他身上没有意识到的以及他不想意识到的部分相对立。仅仅说某人的一些部分是有意识的，而另外一些部分是无意识的，这只是给了我们它们的特性。为什么我们意识不到自己身上的一部分或者自己身上的一部分人格？原因是其紧密地与自恋相连。如果我很反抗自己身上的一部分——与我自己身上的一部分没有产生联结——我就无法知道它。我决定不去知道的这个部分，正是我们所说的无意识。这是很不合宜的措辞，因为这意味着，它的出现是通过没有得到自体的同意。之后我将展示事情并非如此。

在荣格的类型理论中，他对四种不同的人格类型做了有用的区分：思维、情感、直觉和感觉。他说人格的情感部分是思维部分的相反两极，而且他认为当两者任一方在运行时，几乎总是会去压制另外一方。我们可以从"理智化"的防御方式看出来，一个理智化的想法是与情感相解离的。相反，当情感从思考中解离出来时，思维被压制了。我还没有在文学作品中碰到一个词能很好地去描述后者这样的防御，但它与"理智化"一样是十分普遍的。在我的临床经验中，理智化的防御几乎总是与这类相反类型的防御相伴，我把它称为"沉湎于感情"。在所引用的毛姆的段落中给了它一个线索。如果你"为了"某人感受到什么，其结果是感情用事，而如果你"在自己身上"感受到某人，你的感受是真实的。真实的情感得到知识的支持。两者的区别是巨大的，而且对心理治疗师至关重要。

荣格还对感受和直觉进行了配对。直觉紧密地与想象性的洞见相连，而感受则与感官的接触相连；其中一个可以把另外一个取消。

梅兰妮·克莱因和费尔贝恩还谈到自体的每个部分都是有着自己权力的小人格，尽管他们的语言与荣格所用的语言相反。梅兰妮·克莱因说，自体的构筑有一些基本的建材——阴茎和阴道，嘴巴和乳房，孩子与父母，孩子和兄弟姐妹。这些部分要聚合在一起。

梅兰妮·克莱因和荣格都认为，有一些先入之见嵌入我们自体的存在中，人格由这些部分组成，我们世界上各种各样的人象征了这些不同的部分。我们永远不能说我们不具有与我们有关联的任何人的任何情感特征。无论我们谈的是可怕的人物如希特勒、伊迪·阿明*或迈拉·希德莉**，还是有着特别勇气和英雄般

---

* 乌干达前总统。——译者注
** 英国的"沼泽杀手"。——译者注

美德的人物,如苏格拉底和克尔凯郭尔,都是如此。

这个理论认为,自体是行动的源泉,由很多部分组成,而每一个部分又都是自身行动的源泉。这有什么证据?证据并不总是那么有力,但有一些是催眠术提供的。众所周知,当病人完全对立的时候,催眠师无法成功,但是被催眠的个体在催眠师的指导语下会以一种与他们在未被催眠的状况下相反的方式来行动。因此,存在着另外的一种人格——以荣格的术语来说,一种情结——在另外一个人的暗示下行动,这种人格,与催眠师所指引的方向相一致。进一步延伸,我们知道人常常很容易受暗示,这是很难解释的现象,除非引出了与暗示者相一致的人格状态。

另外的一个证据是小说家,他们常常说他们所创造的人物形象占据他们,并有他们自己的生命。当然,这些形象来自作者;他们在作者身上,是作者的一部分。这就把我们带回所引用的毛姆的第二段话,"关键是,在作家身上,他不是一个人,而是很多人。"Graham Greene 说他写作是为了从人类体验的混乱中创造出意义;我想他指的是内在的混乱——努力把其内在的各个部分统合在一起。

"我"与内在人格间的关系

我现在想谈一下自我(ego)——我更倾向于只是用"我(I)"——与这些内在人格间的关系。有一次,我的一个接受精神分析的病人向我描述了当他是小孩时，有一次他狼吞虎咽地吃掉了妈妈做的整罐饼干。他继续说在另外一次，她做了些软糖，而他把这些软糖又全给吃了。在这一点上，我和他进行了一次理性的谈话，讨论这个贪婪的狼吞虎咽者。他说，"是的，我的确曾经是个狼吞虎咽者。把所有东西统统吃光。"我接着评论道，他频繁地以类似的方式把我说的话给吞掉。他大笑着同意，说道，"哦，是的。我可能是这样做的。但无疑你并不介意这点。"只有一件事是错的。我的确介意。

接下来的一天他告诉我，他有这样的想法：在有能力去爱之前，有必要去信任。在那一周前面一点的时间里，我对他说了类似的话，所以我回复他说，他正在吐出我两天前和他说的话。他非常恼怒，说这是他一直以来都知道的事情。在一些旨在澄清的进一步的对话之后，我说似乎那个狼吞虎咽者，当很好而且真的陷入行动中时，会做他所能做的任何事情来掩盖他真实的本性。病人开始感到热而且出汗，说他再也不想来看我了。不过，他还是继续来。我想要指出的点是，有一天当他在谈论那个狼吞虎咽者但在情感上否认它——他处在"放弃者"的人格中——而第二天，他处在狼吞虎咽者的人格中。

在我的心理治疗的经验中，当病人谈论自己的一些部分，这几乎总是一个预兆，下一次你看到他时，他会呈现出这一面。这就像一场演出中的制片人所讲的，"这是下一幕的预告"。

那个狼吞虎咽者的故事是"我"先在一种人格中然后在另外一种人格中行动的例子，而我们从来都不喜欢看到自己在两种非常不同的建构中行动。当我们意识到自己没有被整合的部分时，我们会感到羞耻。这是因为我们意识到我们对自己内在的行动要承担责任，这些行动导致了不和谐，这些是我们的存在中一直持续的行动。这是首要的。第二件事情是，如果我们想要在社会上很好地发展并获得尊重，我们必须表现出我们很关心他人，而且不贪婪，其结果是当我们以漠不关心的方式在运作的时候，我们不得不隐藏它。羞耻紧密地与自恋的某些特质相联系，因为我们所有人都做的一件事——到达了我们都受到自恋暗流统治的地步——就是隐藏某些特别的行动源泉。心理治疗的一个目标是去找到这些源泉。

在过去的几年里，我意识到有些组织费了好大劲去找一个合适的人来担任某一重要职位，而在一年之内就发现这个人显然完全不合适。很明显，这些人人格的一些重要方面被隐藏了起来，尽管他们通过了精心设置的面试，等等。

我曾经碰到一个人，当他和我交谈时，他会同意我所说的；而当他在与和我的见解截然不同的人交流时，他也会同意那个人的观点。他以这种方式应对所有和他交流的人。这样的行为是源于有大量不同的人格在运作——一种完全不一致的状态——这常常在社交人群中引起很多的混乱。

如果你否认自己的一部分，那么你将成为在他人身上的这种特质的牺牲品。比如说，我身上的某一部分是极为善妒的，而我否认它。尽管如此，它还是一直运作着，并影响我对待他人的方式。对我来说，一个经典的策略是去与某个极为善妒的人相联结，然后这个人就承载了我所否认的这部分我自己——但是我就会在整个时间里受此影响之苦。其悖论是，一旦我能够承认嫉妒的这部分并说，"是的，我与自己的这部分建立了联系；这属于我而不是你"，嫉妒减少了。其破坏性并不是那么多地在于嫉妒本身，而是在于嫉妒不被承认的事实。事实上，我需要一定的嫉妒来处理我的事务。

通常，我们会把那些受到一个又一个内在人格统治的人描述为"虚弱的"，而"强大"的人格是那些"我"以统合的方式在所有的人格部分中运行的人。

第三章

自恋的选择

在这一章中，我们将试图去掌握一个心理的真实性。这个真实难以掌握，但它的真实性完全不亚于那些容易定义的东西；而且如果你没有意识到它的真实性，结果会是个灾难。很多年前一个教我哲学的教授常常用这个类比：他说，在雾中一辆行驶过来的车的轮廓是模糊的，但车的真实性与它在明亮的阳光下是一样的。它还更危险，因为如果你没有看到那辆车，它可能会把你撞翻。这个说明的喻义是——模糊的轮廓指向真实但并不是真实本身。真实性只能通过个人的心理行动被间接地掌握。

在精神分析文献的所有理论模型中，当自我把自身作为色欲化的客体时，自恋就产生了——或者，用经典的弗洛伊德的术语，当力比多把它自己的自体作为爱的客体时。回到我前面所提及的省略的原则，常常是没有被陈述的内容给出了你想去抓住的真实的线索，而不是那些被陈述出来的内容。我们这里的表述是：当力比多或自我把其自体当作色欲化的客体时，自恋产生了。显然这意味着还有另外的选择，但这个另外的选择很少被清晰地聚焦。如果有其他的客体是自我能选的，而不是它自己，那会是什么呢？逻辑上，如果纳西索斯可以爱上他自己的倒影，另外的选择便是他可以爱上其他人。

出生时，甚至在出生前，新的有机体就有一个目标：存活下来。然而，它还有另外的目标，那就是不只是存活，因为当有机体死亡的时候，形成它的物质——肉体、骨头等——还是存活着的。这是物理学的原理：物质是不会被消亡的——它仅仅是降解成了其他的聚合体。因此，这个有机体的其他目标是，作为一个活生生的存在存活着。当我们谈论某种活生生的，我们意味着什么？对于死气沉沉的物质和活着的物质之间，我们做什么样的区分？星期天蛋糕上的一片果子冻与阿米巴变形虫之间有什么区别？Henri Bergson（1919）（很巧的是，他的生卒之时与弗洛伊德也几乎相同）把生命定义为对物质进行行动的倾向。一个活着的物质对环境做出反应——受环境条件制约——并作用于环境。生命在其中，是行动的始动源泉。这个定义与斯金纳所采纳的刺激－反应心理学相反。

※ ※ ※

在日常谈话中，我们会说一个人跟死了一样，或者会谈到社会系统垂垂死矣。显然我们是以一种隐喻的方式在谈话，这个说法意味着什么呢？这意味着这个人缺乏个人目标导向的行为，缺乏情感的始动性，没有能力去创造性地行动以作用于他所处的社交环境。这样的人的生活里就只有一日三餐、晚上睡觉。所以我们在谈论一种首创力，能够把他带离、超越生理上的存活。

当我们说某人是活生生的，这意味着他们在自己身上有着首创力，能够在自己的社交环境中创造出改变——给他们周围的人的情感回应和行动带来改变。这并不是指那些奔忙着组织事情的人。我们在谈的是一个更深水平的活动。如同我们大部分人所知的，如果你在治疗一个非常忙碌、到处奔波的人，你常常会发现这个人的内在是死的。我曾经有一个精神分析的女病人，她的生活非常光怪陆离、活跃而且在全世界旅行，投入各种各样令人震惊的项目中；然而，她的内在是死的，她不得不让自己投入令人兴奋的情境中以让生活继续，随着分析的进展，这一点逐渐变得清晰起来。

开创创造性的活动

现在我想举些例子——首先从托尔斯泰的《安娜·卡列尼娜》的一个小段落，然后从 Graham Greene 的自传《逃亡之路》（1980）中的第二卷，来展示开创创造性行动，并由此在其社交环境中带来创造性的回应。

你们也许会记得，在吉娣和列文终于结婚后的三个月，列文收到了他哥哥尼古拉以前情妇的来信，说尼古拉就快死了。吉娣把信拿给他；他读着，看起来很悲痛。

"上面写了什么？出什么事了？"

"她说我哥哥尼古拉就在死神门前。我要去他那一趟。"

自恋：一个新理论

吉娣的脸色立马变了。想法……关于陶丽的、所有的都消失了。

"你什么时候走？"她问。

"明天。"

"我想和你一起走。可以吗？"

"吉娣！嘿，你什么意思？"他带着责备的语气说。

"那又怎么了？"她问，她的提议他听了不大高兴，甚至有点恼火，这使她感到很委屈。"为什么我不能去？我不会妨碍你的，我……"

"我之所以要走，因为我哥哥快死了。但为什么你……"列文说。

"为什么？理由和你的一样。"

"在情况对我如此严峻的时刻，她只想着她单独在这里会多么无聊。"列文想。

这绝对是典型的自恋式思维。这本小说探讨了各种各样的事情，但基本上它是在探索自恋状态——而吉娣和列文是里面自恋程度最低的一对。奥博朗斯基和陶丽自恋程度高一点，而安娜和卡列宁绝对是被自恋紧紧抓住的一对。然而，列文沉思着——"她只想着她单独在这里会多么无聊"——他归结给她的这种被蔑视和贬低的动机，是典型的自恋。

"这是不可能的。"他坚决地说。

第三章 自恋的选择

"我告诉你,如果你去,我要和你一起去。这也是一定的!"她着急、愤怒地说着。"为什么不可能?什么让你觉得这是不可能的?"

"因为天晓得我会如何到达那里,路上会住什么样的旅馆。对我来说你会是个妨碍。"列文说,努力表现得冷静。

"一点也不会。我什么也不需要。你能去的地方,我也能去……"

"哼,不说别的,单说那个女人,你跟她是无法交流的。"

"我不知道也不关心谁在那里,以及那里有什么。我知道我丈夫的哥哥要死了,我丈夫要到他那里去,而我要和我丈夫一起去……"

"吉娣!不要生气!只是想想吧——这是多么严肃的一件事情,我真无法想象你还要把自己的虚弱放进来,你不喜欢单独待在一个地方。如果你担心孤独,好吧,那你到莫斯科去待一段时间。"

列文说出了这些负性的想法,这意义重大。安娜和卡列宁以及和伏伦斯基在一起时,也会用同样的方式沉思,但她没有说出她所想的。

"你总是把小心眼、可鄙的动机归结到我身上!"她因为憎恨和狂怒而突然泪流满面。"我并不是这个意思——这并不是虚弱,不是的……我觉得当我丈夫在困难时我有责任和他在一起,

自恋：一个新理论

但你故意伤害我，你就是不想去理解……"

"不，这太可怕了！真像个奴隶！"列文叫着站了起来，再也无法抑制他的恼怒。但与此同时，他意识到他在挫败自己。

"那你为什么要结婚？你可以自由自在的。既然你后悔，那又何必结婚呢？"她说，跳了起来并跑进了客厅。

当他跟着她进去时，看到她正在啜泣。

他开始劝她，尽量找那种不是说服，而是安慰她的话。但她不想听，而且也不同意他的任何观点。他俯身下来，拿起她的手，她反抗着。他亲了亲她的手、头发，然后又亲了亲她的手——她依然保持沉默。最后，当他双手捧着她的脸说，"吉娣！"她突然恢复了过来，又流了点眼泪后，他们和好了。

最后的解决方案是第二天他们一起出发。

在列文把这种动机归结到吉娣身上时，自恋的态度是明显的；但重要的是，吉娣并不接受列文所说的关于她的事情。她说了出来，而且不承认自己身上有任何这方面的问题。而当你看卡列宁和安娜的时候，他们所有的时间都在加强对彼此的观点。吉娣也可以变得憎恨，然后到莫斯科去找陶丽，但她没有。她有能力对其所处的社交环境带来创造性的影响。如我们所知，吉娣与列文一起去，而显然他对她所做的事非常欣赏。他们看到尼古拉的状态极为糟糕，她整理、打扫了房间并让尼古拉舒服点，这让将死的尼古拉非常感激。我想是在这个阶段吉娣和列文在真正意义上结婚了。人们也许会在圣坛前，或在婚姻登记所等这些地方结婚，但他们常常没有真的结婚；通常需要一个危机来让婚姻真正发生或者失败。

第二个例子来自 Graham Greene 的自传（1980），在他谈论艺术评论家 Herbert Read（他在编辑荣格的著作全集时起了巨大的作用）时写道：

> 很显然，我与 Herbert Read 的会面是我生命中的一件重要之事。他是我所认识的人中最为温和的男人，但这是一种经受过他那一代人最糟糕体验的考验的温和。那个年轻的军官，在西线战役中获得了军队的十字勋章和一个杰出服务勋章，他在泥泞和死亡中携带着 Robert Bridges 的诗选《人类精神》、柏拉图的《共和国》和塞万提斯的《堂吉诃德》。他什么也没有改变，和二十年前一样，当这个男人走进一个挤满人的房间，你不会意识到他的到来——你只是注意到讨论的整个氛围静静地改变了，即便是一个客人和另外一个客人的关系也发生了变化。没有人会再为了装门面而去交谈，当你环顾四周去寻找一个解释，那就是他——出于全然的体验完全诚实地进入房间，静然安坐。

我们在谈的是人类行动的区别，我们通过价值来定义它。我们认为吉娣的行为是有价值的。而当我们说一个脑部受伤的人只是一个植物人时，我们评判他不再过着一份有生命力的人类生活。创造性地塑造社交环境的能力对心理治疗师来说至关重要。

被弃绝的客体：*生命给予者*

马格丽特·玛勒指出，当婴儿在生理上出生时，并不一定意味着其在心理上或在情感上诞生了。情感上的出生取决于一个选择。如果自恋的情境是某人把自己的自体当作爱的客体，那么问题就是：另外可选择的客体是什么？还有另外的客体可供选择，而这另外的客体，如果选了，就会变成开创性行动的源泉，而人成为行动源泉的能力取决于此。

从我们自己的观察和对儿童的研究中，我们知道婴儿在寻找客体——乳房，从中可以得到喂养。婴儿还会去寻找妈妈的手臂和生理上的抱持。但客体是什么？婴儿所寻找的并不仅仅是奶。也许你会说，婴儿在寻找的是乳房和乳房所带来的舒适安慰感，并结合着妈妈的滋养、亲吻及抱持，等等。但是，那么，我们需要去问，人在生活的后期，在青春期之后，在寻找什么呢？如果方向不是指向自体，那所指向的是什么呢？说婴儿在找寻的是乳房或妈妈是错误的。它是乳房，但它也不是乳房。它是妈妈，但它也不是妈妈。相反，一个人必须安置一个情感性客体的存在，该客体与乳房、与妈妈相联系，或者在生命的后期与其他人相联系。正是在其他人里面——一个客体，这个人把这个客体作为一个另外的选择来寻找，并从中寻找自己。如果情感上活生生的意味着成为创造性的情感行动的源泉，那么需要朝向这个客体，而且这个客体要被带到心里。我把这个客体称为"生命给予者"。它可以被称为另外的东西，但是我们需要一些术语来指定与主体不同且相反的客体，一个自我能够选择的客体。

*生命给予者的本质是什么？*它是存在于与乳房、阴茎、阴道、自体、分析师或治疗师的关系中的心理客体。它本身不是这些受精或养育的原始客体中的任何一个，它也没有与它们分离的独立的存在。

我想强调一下，当我谈论创造性的行动时，我并不是指操纵。操纵是试图威逼某人去做你想让他们做的事。在创造性的情感行动中，回应是自由的——在列文和吉娣的段落中这一点可能并不明显，除了他们的情感都摆上了桌面这个事实。如果你看一些描写安娜和卡列宁的段落，他们有着各种各样的谋杀性的负性感受，而没有将其言语化。在 Herbert Read 的例子中，Graham Greene 说当 Herbert Read 走进房间时，人们彼此联结的方式发生了变化。这是一个自由的回应，并不是有某种强加给他们的东西。很重要的是去区分什么是帮助形成自由回应的创造性的行动，而什么是操控。

我们每个人身上都有一个要求：想要的并不仅是存活着。几乎我们这里的所有人（在讲座中的）都接受过心理治疗。这意味着我们并不满意，我们想要更多。如果一个大的灾难发生，如果一颗原子弹投向悉尼，我们有幸活了下来，我们会挣扎着存活下来而不是去接受心理治疗。但2500年后当我们从灾难中康复过来，我们想要的可能有时候超过存活下来。我们身上根植着一种不想只做被动的接受者的欲望。

在一篇非常好的文章《病人是他的治疗师的治疗师》中，Harold Searles（1975）说，在每个人身上，都有着疗愈的需求。换言之，人们都有着改变他人的需求，并且是以其特有的方式。他说我们这些成为治疗师的人正在开发人类身上的普遍的需求。他说，如果婴儿感受到他妈妈受到困扰——比如说生病，这对婴儿来说是巨大的苦楚。在这样的情境下，婴儿会试图去疗愈她。他把这个一直带入治疗情境中，病人会尝试着疗愈治疗师或分析师。

吉娣所做的，在拒绝列文归结给她的那些不好的动机时，是对他的关系的一个疗愈性行动，在此，它反对了他所持有的自恋性蔑视的态度。

最终——Searle说——这些想要疗愈的外在欲望是内在任务的象征，这个任务是要把我们身上不同的部分统合为一个整体。心理学家指出了动机和情感之间的关系。这是疗愈的真正的核心。这是一个情感任务。作为治疗师，你无法去诠释某人的施虐、嫉妒或同性恋——如果你对自己身上的这些部分感到焦虑的话，你是一个真理。你是做不到的。这也就是为什么督导总是有局限性。

如果我们身上的不同部分并没有彼此联结，那么我们是不可能成为创造性行动的源泉的。只有当*生命给予者*被选择时，这些部分才会开始凝聚，这与自恋的选择相反。自恋的选择导致了一种统合的表象，但在其下是不统一的。尽管表述方式不同，但它与温尼科特所谈的是一致的——真实自体和假自体。自恋情境中的人花了大量的能量，试图让人看起来他是以凝聚的方式在行动，而事实上不是。

定义生命给予者

我现在要回到*生命给予者*是什么样的客体这个问题上。作为类比，我们大部分人会同意，友谊是真实的——一份真切的人与人之间解不开的联结这样的真实。当友谊中的一方过世，友谊结束了。然而，真的结束了吗？有两种可能性。如果我有一个好朋友死了，我和你说，我每天晚上都在和他交谈，你很可能说，"Neville 脑子有点坏掉了。"从另一方面讲，如果我说当我的朋友过世的时候，友谊也结束了，什么都没有，你也会认为我有点奇怪。几行诗进入了我的心里：

告诉我爱缘何而来？
它无影无形地来，未曾寻求。
告诉我爱去向何方？
能走掉的不是爱。

友谊是存在于两人之间的心理真实，然而它并不完全容纳在他们里面。生命给予者和友谊是一类——它是不能独立存在于乳房、妈妈、阴道、阴茎、爸爸的一种心理客体。用另外一个类比，比如"形状"这个单词。形状无法存在,除非在塑造它的物质中,但它并不是物质本身。

*生命给予者*是真实的,而且是我们心理生活的本质要素,同样的方式,我们可以说,友谊是一种人类幸福的本质要素。那么一个大问题是,"*生命给予者是如何产生的?*"

第四章
自体的意图

我之前说过，自体的意图的核心（the intentional core of the self）有能力反对我所称之为*生命给予者*的客体。它有能力去拒绝它，去背弃它。从精神分析理论家的术语的角度看，我们可能与费尔贝恩（1976）的理论最为相近。他认为自我能够说，"我不打算与这一客体有半点关系。"然而，由于生存本能自体是不可能完全拒绝这个客体的。如果接受这个观念：*生命给予者*是情感生命的源泉，也是生物上存活的源泉——两者是联结在一起的——那么自体永远不能完全地拒绝它，因此就有分裂产生，一部分的自体背离*生命给予者*。当*生命给予者*被吸收入自体后，一种分割和对自体自身本性的拒绝发生了，导致个体采取一种反-关系的位置（anti-relational position）。这有点像一个囚徒说，"我不想与这些监狱守卫者有什么关系。"但他不得不与他们有些接触，以获得饮食等，否则他活不下去。

这种对*生命给予者*的背离形成了自恋的核心。自恋不是在某一部分的自体中，而是在一部分的自体与另一部分的自体的联结方式中。它与这样的情境类似：你们中有人冒犯了我，我走开了并对自己说,"我再也不和他说话了"。而事实上,我被迫与你讲话,因为我们一直见面,所以我对自己说,"我要和他讲话,我要对他微笑,并保持彬彬有礼。但在我心中,我和他一点关系也没有。"

*生命给予者*的产生是通过被选择——有点像友谊的产生是通过两个人都愿意朝彼此走近。颜色也许是一个更有用的类比。如我们所知,只有当我们看到的时候,颜色才存在。眼睛和大脑把光波转化成了颜色,比如说,蓝色,它是在红色的不同比例中产生的。颜色的存在是通过感知的行动。选择产生了*生命给予者*。自相矛盾的地方在于生命给予者有着独立的存在,但如果没有被选择的话它是不存在的。

回到我所说的情境中,"我会和那个人讲话,因为我不得不这么做,但在心里我和他一点关系也没有。"这意味着一个人能把其呈现出来的自体与他的心灵脱离——与他所思、他所欲求的相分离。无论何时当有这样的脱离的时候,那个人的内在是非常脆弱且易受影响的。因此让这样的人在任何会逆转他们的情境中坚持下来是非常困难的。

我在英格兰的时候,在国立健康服务中心碰到过一个病人。在伦敦,健康服务中动力性心理治疗的空位很少,结果是,状态很糟的人很难获得这样的心理治疗。这个病人被转诊到我所工作的诊所,而在第一次访谈中,她明显不喜欢我。然而她对自己说(我猜想),"我得尽量从这个人身上获得最多的东西。我生病了,而我决定要让自己好起来。"这个决定对她来说是迈向健康的一步,我相信这是她放弃自恋的开始。很明显,她很绝望,但在她身上有着朝向健康迈进的努力。

与此相反的是，有另一个女子来看我，并告诉我她想看别的心理治疗师，而他们都没有空位置给她。我问她，"星期一早上十点你有空吗？"（那天是星期五）。她说有，因此我说，"那我们下周一就开始，如何？"她同意了，但周一她并未出现。她被困在"生活对我不公平"的模式中。她黏附于没有一个心理治疗师想见她的抱怨中。她蔑视*生命给予者*，当它把自己提供出来的时候，她不属于这个机会。

这种背离*生命给予者*是与自体敌对的行为。生命有着成长的潜力。神秘主义者和灵性作家说，你要么前行，要么后退——你不能静止不动。你永远不能说，"看看，现在我已经达成了目标，我能待在这里安享剩下的人生了。"精神分析师比昂说，当有人"在中年安顿下来"时，那是致命的一天。个体总是面对着选择。

背离生命给予者的起源

自恋的人就是那些转而与*生命给予者*敌对的人。我认为这一过程发生在婴儿早期。在出生后的早期阶段，妈妈是婴儿食物、饮水和庇护的源泉，而婴儿完全依赖于她。Frances Tustin（1972）很好地描述了婴儿与妈妈之间紧密的联结。当分离或中断发生时，婴儿的反应可能是背离妈妈并转向自己。我想强调的是，婴儿对分离或中断的反应是有意图的。

我与伦敦 Tavistock 门诊投身于婴儿观察的几个人讨论过这个问题，他们告诉我，他们确信在婴儿早期出现的某些情境中，婴儿可以选择走这条路，也可以选择走另外的路；他们有时候选择了这条路，有时候则是另外一条。

我想举一个8岁孩子的心理治疗的例子。这个男孩害怕上学，而且行为严重过失。他会在治疗室到处洒水，把治疗师给他的任何玩具摔坏，在门上尿尿，把治疗师的短裙往上翻，试图把窗户打破以离开房间，等等。治疗师所能做的事情就是设置边界：有些事情是她绝对不允许的。在开始治疗后的第六个月，在治疗很快要中断的一次治疗中，这个男孩画了张脸，两行泪从眼睛流出。很显然这是一张婴儿的脸，在下鄂有两个小牙齿。他以闪电般的速度画了这张画，然后很快地回到了他通常的嘲笑和破坏行为中。治疗师理解这张画显示了在孩子身上的婴儿对即将到来的分离感到悲伤，而这又很快被一种嘲笑的蛮横行为所掩盖。这是这个孩子第一次做了点像画画这样的建设性行为，而且这也是第一次，他停止了他的破坏性行动，即便只是一分钟的时间。

在下一次治疗中，这个男孩设计了一种游戏，他邀请治疗师参加。在这个游戏中，他让治疗师作为店主，并把两样物体命名为两个硬币。他想给出一个，但他说，店主曾对他说过，如果他给了她所有的钱——两个"硬币"，他会获得奖赏。他说，这是一个相当大的冒险，因为店主有可能会欺骗他。他犹豫了一下，然后给出了他的两个"硬币"，当他给她的时候，他看着治疗师。然后他回到房间的一个他称之为"家"的区域。在等待之后——这

第四章 自体的意图

是另外一个第一次,他以前从来没有等待或者停顿——他推动着一辆载满物品的卡车从"商店"回到他的"家"。治疗师告诉我,治疗从那天开始改变轨迹,变得比较安稳和更为文明。

这个孩子提供的"硬币"似乎代表着他自己的某种内在的给予——一个冒险,一种选择。这是对*生命给予者*的选择,但这个选择有危险,因为事情的结果可能会是糟糕的。事实上这一次它有一个非常好的结果,这个男孩开始变得沉稳,而且不那么焦虑了。治疗的确改变了,我认为戏剧化的是,在画中婴儿悲伤的脸上所先行的,是之后几个月呈现的较为安稳的态度的预示。以这种方式,这个游戏的功能就和梦有时候所起的功能一样。

当我们谈论人类的内心生活时,我们是在谈论一些未知的东西。对此用三维世界的时间和空间维度来理解是不行的,所以我们通过神话来帮助理解。它们是神话,但这并不意味着它们是不真实的——事实上它们本来就是现实的类比。讲述神话是我们谈论我们无法直接知道的真实的方式。哲学家伊曼努尔·康德对本体和现象进行了区分。本体是我们永远无法直接知道的真实,而现象是它的显现,我们可以与现象进行接触。如果你把一锅水放在电加热盘上,几分钟后你看到蒸汽升腾,你知道电加热盘是热的,而无须看到盘本身。

人类一直就本源问题创造神话——宇宙起源学。我们可能会以一种屈尊俯就的态度笑看某些未开化之人的宇宙起源说,然而宇宙大爆炸理论也只是一种学说而已。我们需要理解当下并对其赋予意义,我们也需要理解我们自身生命的意义。精神分析的发展心理学理论描述了众多发生在婴儿期的特殊事件及其结果，而这些理论是神话般的故事。现在我要讲述的也是一个起源学说，是有关自恋的起源问题。为了与发生在婴儿身上的事进行类比，把故事提升到成人世界是很有帮助的，特别是在爱的关系的领域，然后再把它回溯到童年期。很多伟大的小说都可以用这种方式来阅读。

卡西乌斯的神话

一个叫作卡西乌斯的年轻人在偏僻的地方迷路了。他反复在这条路和那条路上徘徊，但找不到回到人类居住之地的路。他害怕自己会死。后来他来到一个富饶的林间空地。在其周围，他看到树上长满了各种甜美的水果，而且还有一口井，里面有美丽、清澈、冒泡的泉水。他对周围环境是如此满意，便放弃了努力寻找回到文明地区之路的想法。他整天倘徉在林间空地，睡觉、吃东西、饮水。他一把水果吃掉，新的立马就成熟了。即便是在性方面，他也是满足的：只要他心中升腾起性欲望，美丽的仙女就会出现，并抚弄他的各个部位，给他带来快感。当他要睡觉的时候，仙女就消失了。那个仙女也会满足他其他方面的需求。当他想听音乐时，仙女就用各种各样的乐器给他弹奏美妙的音乐。当他想要阅读文艺作品，仙女就读给他听，而他只要躺在清凉的林荫处听着即可。他在喜悦的纵情中度过时光，认为自己是整个宇宙中最幸运的人。

当卡西乌斯在林间空地居住了大约一年以后，一天早上他醒来时感到头痛，而仙女对此毫无办法。他开始感到奇怪的不安，他无法理解他要的究竟是什么。他在林间空地上徘徊，吃水果、喝冒泡的泉水，但他感到不满意。当他准备睡觉的时候，他意识到他渴望有一个朋友。他知道纳西索斯的神话，因此第二天早晨他走到水边并看着水中的自己，但他依然感到孤独。他甚至试着大喊大叫，去听那回声，但这也无法给他带来安慰。第二天当他醒来，他决定要在林中空地上笔直往前走，直到他碰到人。"我对自己感到无聊了。"他说。他走啊走啊，直到他看到一条宽阔的溪流，溪上有一少女正在划舟前行。他叫了她并询问她的名字。

"我叫 Miriam。"她回复道。

"请到我这里来。"他叫道。因此她朝他这边划船过来。"把我带到你的小船上吧。"他祈求，"我想成为你的朋友。"

"可是你并不认识我。"她说。

"告诉我你住哪里。"他恳请道。

"我住的地方离这里很远，在一个完全由我自己花费很多精力建造起来的花园里。我建造了一个沟渠把水从这条溪流引到我的花园。每天我起床，把肥料放在荒芜的土壤上。我挖地，植入种子。我收获了小麦，把谷粒碾碎，并做成了面粉。每天我都烘焙面包。我栽种了果树。我用栗子树的木头制作了一把小提琴；我用浸泡于树脂的纤维制作了琴弦。我在照料好花园后就弹奏小提琴。下午时分我坐在我所造的小房子外的桌子前，创作我的小说。傍晚我会给自己做顿晚餐。"

"让我加入你吧。"卡西乌斯说道。

"我很努力工作才建造了自己的花园，"Miriam 回答，"除非你给我一个宝宝我才会让你来。"

"我不介意给你一个宝宝。"卡西乌斯说。

"那我就要去照料宝宝，而你得每日早起，给土壤施肥，烘焙面包，而且当我在喂养我们的宝宝的时候，你得给我拉小提琴。"

"我可以做所有的这一切。"卡西乌斯轻松愉快地说。

"我必须和你说的最后一件事情是，"Miriam 说，"这是偏僻地区的规则。一旦我把你带到船上过了这条溪流，我会把船烧掉，你就永远无法回到林间空地，你将永远失去它。"

卡西乌斯对此皱眉头了，而他的皱眉把仙女召唤来了。"你和她走做什么？"仙女问道。"我可以给你所有她能给予你的东西。当你想要音乐，我来给你。你想要性，我会给你提供。你想要美丽的文学作品，我会用和美的音调读给你听。如果你想要的是食物，在林间空地里有大量的美食。"

仙女把他带回林间空地，并展示给他所有他将失去的一切。仙女是狡猾巧妙的，"你可以拥有所有她可以提供的一切而不需要离开这片林子，不需要跨过河流。我指给你看。"接着仙女用芬芳的油膏抚擦了卡西乌斯的全身并说道，"现在，如果你叫出任何你在意的人的名字，最美丽的伴侣就会来到你的身边。"

卡西乌斯想了一会儿，他想叫出"Miriam"，但是那个词没有像他所想的那样被说出来，相反，他所说的是"Marian"。很快，

第四章　自体的意图

一个美丽的少女出现了，她陪伴他到任何地方。有一年的时间，他和 Marian 住在林间空地，但某一天早晨他醒来的时候，发现她消失了。只有那时候他想起了 Miriam。他冲到他曾经看到她的溪流边上，并呼唤 Miriam 的名字。Miriam 划船而来，但她说太迟了。她已经找了另外一个男人，现在有宝宝了。卡西乌斯回到林间空地，直接走向那口井，并淹死了自己。

对神话的诠释

在诠释这个神话时，我想聚焦在"拒绝"这个元素上。为什么这个仙女能牢牢地把控卡西乌斯？诱惑集中在仙女提供给他的色欲化的天堂上。这一点是很重要的，自体被当作它自己色欲化的客体，这是自恋的一个方面，后文我会对此再加以说明。现在我要回到"什么没有被做"这一原则，来诠释这个神话。

卡西乌斯相信他拥有一切，但他所不具备的是给出他自己的能力。更恰切地说，他认为他没有这个能力。如果他乘舟跨过了那条河流，他将不得不面对这个事实：他之前所知道的一切都是虚假的。这里是河流彼岸的另外一个人，她对从内在生发创造所知道的远远多于他。为了跨过河流并采纳 Miriam 的建议，他将不得不从她身上学习——成为一个孩子，如其所是的那样。这样一种谦卑的行为是让他痛恨的。他情愿待在一种隔离状态中，因此他梦想着完美的 Marian。自恋的一个支配性的音调是对渺小、对重新开始、对向能够给他显示一些东西的人开放的绝对的憎恨。

Miriam 和卡西乌斯的区别在于卡西乌斯感觉自己在天堂，而 Miriam 自己构建了她的花园。梅兰妮·克莱因说遭到忌妒的客体、憎恨的叹息所指的客体，是个体的创造力，我认为她说的是正确的。卡西乌斯羡慕 Miriam 行动的成果，但是他憎恨这份意图性的行动，而这份意图性的行动正是她所创造的一切的动因。这份憎恨是不被知道的。它被藏在我们的存在中的一个"秘密的房间"中。

在《安娜·卡列尼娜》中，当伏伦斯基和安娜在意大利，伏伦斯基开始绘画时，这里有一个很好的例证。

犹豫了一会儿要画哪种风格的画——宗教的、历史的、风俗的、现实主义的——之后他开始工作。他欣赏所有不同的风格，在它们的任何一个中都能找到灵感；但是他无法设想，他可以对这些不同流派的绘画一无所知，而直接从自己的灵魂中得到灵感，不管自己所画的是否属于任何被公认的流派。而我认为这是关键所在。因为他并不知道这个，不是从自己的生命中直接获得灵感，而是间接地从其他画家对生命的解读中获得，他很快也很容易地找到灵感；同样他很快也很容易地画出了他想模仿的某一特别流派的风格很类似的画作。

托尔斯泰说的是，伏伦斯基不是直接从自己的灵魂获得灵感，所以他的作品也许看起来都很不错，但他所画的作品和我们称之为真实、健康的画作间有着根本性的差别。

第四章 自体的意图

如我之前所谈到的，自恋作为性格结构的一个困难之处在于，个体的所有精力都用于隐藏情境中的真实性，既对自己也对他人隐藏。随后，伏伦斯基找到了画家米哈伊洛夫，让他给安娜画了幅像。伏伦斯基接着就对自己的画作失去了兴趣，并认同他朋友高列尼歇夫的说法，即米哈伊洛夫忌妒他：他富有、社会阶层高，而且画得和那些用自己的整个生命都在画画的人一样好。然而，托尔斯泰暗示道，伏伦斯基不再继续让他给安娜画像的真实原因是，他忌妒米哈伊洛夫有能力依从自己的灵魂来作画。这是核心所在。这与我所说的*生命给予者*联结在一起。如果*生命给予者*被选择了，那么它便成为内在行动的原则。它在被选择、被欲望的行动中成为自体的存在。

卡西乌斯憎恨他在 Miriam 身上看到的创造力，而他的憎恨使得他犹豫不决。跨过河流是令他心动的，但他无法做这件事。在《安娜·卡列尼娜》中也有这种情境的例子。列文的哥哥柯兹尼雪夫来与列文和吉娣待在一起，并开始追求华仑加。很明显他想向她求婚，华仑加也希望他如此。他们单独在一起捡蘑菇。但当那一刻到来时，他却无法说出求婚的话。有些东西阻止了他——一个基本的拒绝。

想一想，把卡西乌斯当作一个婴儿，而 Miriam 作为一个创造性的母亲，或者更确切地说，*生命给予者*。卡西乌斯羡慕 Miriam。婴儿羡慕妈妈的创造性的能力——她从自己内在生产的能力，但在羡慕之下是痛楚的忌妒。卡西乌斯塑造了一个 Miriam 的幻象——Marian，但 Marian 是个幻觉。Marian 是卡西乌斯的一部分。卡西乌斯把他意图性的自体淹没在幻想的建构中，因此他破坏了自己意图性的自体。他实施了自我谋杀，一种心理上的自杀。在幻想中他成为被羡慕的对象。这是自恋的起源。就伏伦斯基来说，他身上也存在着自我谋杀，他融合于他人的完整性中。

一个通常的策略——在伏伦斯基的故事中很典型——是否认自己真正、秘密地忌妒着的东西。事情被反转了，变成别人在忌妒。在这种情境下，被自恋暗流所统治的人会激发他周围的人产生忌妒，接着他们去识别外在的他人的忌妒，回避体验自体内在的任何憎恨及其破坏性。我曾经认识一个历史学的讲者，他在大学里做了一场非常有造诣的讲座。当同事过来对他说，"天啊，你肯定花了很多工夫来准备这场讲座。"他用一种冷淡的语气说，"哦，没有，我只是昨晚洗澡的时候想了想这场演讲。"当然这不是真实的，但它激起了一种短暂的忌妒，使得他能够逃离他内在非常具有破坏性的部分。这一方面在伏伦斯基身上可以看得很清晰。

在安娜自杀前的所有悲剧性的篇幅中，她所有的努力都在于去察觉伏伦斯基究竟是否爱她，而不是创造性地去行动以带来这个结果。

我想通过卡西乌斯的神话向大家呈现一个现象——人企图找到一种，不去做一些必要的努力来让所欲望的结果真实地发生的捷径。自恋的一个最基本的抱怨是"没有人爱我"。人们会爱或不爱某人，但如果他们真的爱某人——或者如果他们恨某人——那是行动的结果。

第四章 自体的意图

在婴儿期的非常早期，那时，就有着对*生命给予者*的拒绝，然后"我"回转并把自己作为爱的客体。但是，如我之前举例所说，事情并非如此。不论好坏，由于死亡的威胁，婴儿总是被迫着去选择*生命给予者*，因此与此同时，自体产生了分裂，自体的另外一部分拒绝了这个选择。结果是只有一部分的自体在其内在有着行动的源泉，以及凝聚力的源泉。*生命给予者*在多大程度上成为内在行动力的源泉取决于这个分裂的程度有多大——自体在多大程度上拒绝了*生命给予者*。

我一直在暗示，从人格中会流淌出两种行动，而这点在这个神话中也呈现了出来。一种行动是卡西乌斯召唤仙女，另一种是 Miriam 切实地在做着一些事情——挖了沟渠、灌溉花园，等等。前者是一个外在的代理者被召唤过来以获得某种东西，后者是自体是切切实实的行动的力量源泉。前一种行动是操控性的，后一种是真正的创造性的。卡西乌斯在召唤仙女时是操控性的。而创造性行动的最为极致的例子是 Graham Greene 所描述的 Herbert Read。两种行动模式都同时存在于任何一个人身上，但其程度有很大的区别。

当一个精神分析机构宣布我成为精神分析师的时候，我认为我是了；或者当婚姻登记所的人宣布我结婚了，由此我就结婚了；但是这真的是有点魔幻感。在这里面绕开了必须发生的个人的创造性行动。如果我采取了这个自恋的步骤，并把自己埋葬在另外一个人的意象中——如果我没有在自己的内在获得心理上基本的行动源泉，并关闭了我身上内在的孩子——那么我就把自己放到了一个夸大性自体的位置上。夸大性自体是极为脆弱的，而它的一个最易识别的特征是：如果我被侮辱了，或者如果有什么没有在我预期的轨道内，我会大发雷霆，因为我是受挫了的国王。

如果这种拒绝的行动发生了，就像伏伦斯基，那么就没有来自内在的灵感，那要如何去应对生活的危机？要如何度过漫漫长夜？把自体作为色欲化的客体，是激发行动的替代性途径。

第五章
自体的色欲化

心灵是行动的源泉。我们可以把行动分成肌肉运动性行动和情感行动，前者用于生存，后者使得我们能够与他人建立联结。然而，这样的划分不能让人完全满意，因为两者相互交叉。比如说，在一些情况下，我们的存活有赖于我们情感性行动的能力，这样我们才能够与我们周围的人有令人满意的接触，并由此获得食物和庇护所。

克服恐惧是情感活动的范畴

情感活动注定是一种挑战，人类有一种害怕彼此的自然倾向。当你去一个聚会，发现自己边上坐着个陌生人，你会去问一些很空洞的问题来试图克服焦虑情绪，比如"你住哪里？"。如果有人主动过来并给你一些饮料，你的心会安定一点。我记得曾经听过一个叫 Eva Rosenfeld 的分析师的节目。她认识弗洛伊德及其家人。她说，在维也纳时，弗洛伊德家的习惯不是给客人饮料，而是给他们讲笑话来让他们心安。

  我害怕你们所有的人，我害怕我父母，我害怕我的老板和我手下工作的人，我害怕我的妻子、我的孩子、我的病人。这种对彼此的恐惧是一种对未知的恐惧，存在于他人身上，也存在于我们自己身上。比昂曾经说过，如果你没有对即将进入你咨询室的病人感到恐惧，那一定是有什么地方错了，因为这意味着你知道将要呈现些什么。而如果你知道，那相遇的意义在哪里？去克服这种状态、这种恐惧，才是任务所在。

诱惑他人成为行动的源泉

  我之前说过，受自恋暗流统治的人避开了*生命给予者，也就是他的行动的源泉*窒息了。结果是他与他人没有联结，然而如果真的与他人没有联结的话，他是无法存活的。所以要在人类社会中存活，他至少要能够表现出他能应对人与人之间的亲密关系的表象；而他与人联结的通道是色欲化自体。本质上，这意味着外界的人物得被诱惑成为他行动的源泉。

  受自恋暗流统治的人没有能力来进行开创性行动——评判、思考、感知——他通过穿上别人的外衣来获得这样的能力。

  有一种特别类型的人，他们通过感知别人的情感态度来存活。当这样的人到分析师或治疗师面前时，他会努力让自己潜入治疗师看待事情的情感方式中，潜入治疗师的理解和态度中，因此治疗一段时间后，病人似乎功能运作得非常好，治疗师也很满足。事实是，病人把治疗师看待事情的方式吸收到他自己人格的表层，但其内在的自体其实有很强的敌意。我确信这是有些来访者在一段时间的治疗后，所有的一切突然炸开的主要原因之一。

记住，那些接受了*生命给予者*的人已经吸收了一种行动的源泉。这意味着个体拥有一种内在的心理原则，由此具有一种超越外界社会环境规定的能力。换言之，这个人并不完全受感觉和情绪的控制。在这样情境下的"我"拥有内在的资源从感觉和情绪中走出来，看到它们，并与它们建立一种谈判关系。

通过拒绝*生命给予者*，个体拒绝了凝聚、连贯的内在原则，所以他有三重问题：滋生行动、把自己统合为一个整体，以及应对外在世界。

对操控他人的内疚

这给我们带来了另外一个重要的点：即把自己作为色欲化的客体本身就会产生内疚，是对操控别人的内疚。在意识之外，被操控的人人会感觉很糟糕。

我在临床上体验过这点，在这些情境下，我意识到自己被操控了。有时候操控是非常微妙的，例如被要求不断地去给予一些抚慰性的评论。在意识到被操控后，我停了下来，而病人的被迫害感很快会减轻。例如，一个病人总是在说她丈夫是如何迫害她的，接下来会说他并不是这么具有迫害性。换言之，她没有必要以同样的方式把他指派到那个迫害她的位置上。

现在我要回到对复合自体的一些思考上。一部分的自体推动了这样的拒绝——婴儿的部分。这一婴儿部分成为自体的核心，人格内意向和行动的源泉。这一部分有拖曳人格的其他部分与它在一起的能力。外部世界中的人物也会被带进来与之合作。比如说，在治疗情境中，如果分析师发现他被微妙地控制了，它总是意味着：他所正在体验的，正是病人自体的情感核心所体验的。

带着这种糟糕的内在感觉过日子是令人难以忍受的。减轻这种糟糕体验的首选方法之一是指派别人不停地告诉我，我做得很好。弗洛伊德在《一个幻觉的未来》中说过，神经症的悲剧之一在于它们耗费了那么多能量，而这些能量是可以更加创造性地加以运用的。同样的原则适用于自恋者。他们耗费了大量的能量试图减轻糟糕的感觉，并去隐藏实际正在发生的事情。他们不停地投入让身边的人把自己举高的活动中。他们表现出对他人极为关注，但在内在情感层面他们完全冷淡无情，一丁点儿也不关心别人。这是令人羞耻的，社会规则是我们要关心他人，而他们带着"我"在宇宙的中心，所以他们必须隐藏这一点。（后文讨论自恋的现象时，我会进一步描述自恋者对内在状态的隐藏。）他们把通往健康之路关闭，没有办法成为自己行动的源泉。无论如何，他们得调动起能量来让自己穿越构筑起生活的人类关系之网。常常有病人对我说，尽管他们在很多方面很成功，但他们感觉自己欺骗地走了一路，自己是骗子。他们感觉真正推动他们的行动原则不是真实的。

抚慰和刺激

健康人身上的行动源泉是来自内在的。自恋的人身上的行动源泉在表面，而个体必须要通过让内在和外在的人物来抚慰和刺激这个表面，以激活其行动。

自恋者记得自己曾经成为备受尊崇的人物，但自己却没有与这个形象建立联结。通过与之融合，通过成为它，自恋者删除了与它的关系，所以他不会体验到对这个形象的忌妒。然而，对自己所忌妒的人物的敌意被置换到其他人身上。在一个虚假的基础上自恋者自己成了一个被忌妒的人物。

在自恋者的自体的核心有一个空洞，也就是说内在没有支撑生命的力量——用以前的话说就是没有"性格力量"。所以"我"得被抚慰，但是这份抚慰仅仅影响了表面。"我"必须被刺激，但那也只是让表层兴奋起来。在两种情况下，其作用都不持久。有人抚慰"我"，所带来的愉悦感可能会带"我"走一段路，但是接着"我"得去找下一个抚慰。这就像是短程记忆——你给了我你的电话号码，当它还在我的耳边回响的时候，我记住了它；但是如果我拨错了，我得回过来再问一下你的号码。如果是长程记忆，我是真的把这个号码放在了记忆深处。它是内在的，我不会忘记。

抚慰和刺激都是感官的意象。很可能我们都很熟悉弗洛伊德所提出的性唤起区域——嘴巴、肛门和生殖器。弗洛伊德还对这些区域的相互联系进行了阐述，费伦茨进一步充分地发展了这一点。费伦茨把这种相互联系称为两性融合，而这又进一步带出了统合的愉悦中心这个概念。自恋的人通过这个愉悦中心产生行动的推动力。

自恋者的自体可以通过刺激性唤起区域来被色欲化，也可以让其他人来做这件事；但即便是主体自己来做这件事，他也得在幻想层面编织是他人来为他做这件事的幻想。这与健康的情境不同。在健康个体身上，有一个内在的心理客体。而自恋者有的是一个感官的客体，不是心理客体；愉悦中心——自体——必须持续被刺激，这样这个人才能解决行动的问题。这就像手淫行动必须不断地重新开始。

这种色欲是与幻想相关联的性欲，它不一定要包含身体的接触。色欲与自体有关，而性欲则与身体敏感区域有关。在这里我们有一个空洞的自体，而其激发能量去建立情感相遇的方式是色欲化自体。这种自体是缺乏有活力的原则的。这是果冻般的自体。Frances Tustin 在讲到自闭症的孩子时，用了外骨骼这样的比拟——没有内在的结构，没有内在有活力的原则。

第五章 自体的色欲化

抚慰的例子

自恋者通过什么来色欲化自己呢？他在一段长长的旅程中，为了完成它，他需要被抚慰：他的旅伴需要告诉他，他做得有多么好。他是一个演员，而在一出戏中表演：他需要被告知他表现得有多好。在一场演出后，没有人赞美他，他感到沮丧和酸楚，于是他到处去找朋友，抽点大麻，喝得酩酊大醉，告诉陪伴他的人：没有人赞美他。他们都告诉他，他干得有多漂亮，制片人和他的演员伙伴们是多么糟糕。（在这类情境下，总是会产生某种偏执。）这让他又得以过了几天，但接着他又需要朋友们给他一些兴奋剂来提神。没有持续的抚慰他是过不下去的，所以他会调动自己全部的能力去进入一个他总能得到这种安慰的团体中。他会回避不能支持他的团体。如果没有他的陪伴者，他无法维持这种竭尽全力的努力。

当然，还有其他的东西可以让他获得抚慰以继续下去：毒品、艳遇。这些让他爆发了新的生命，但它不能持久。不久前我读了P. G. Wodehouse 的《天下无双的吉夫斯》（1985），里面有一个人物叫 Bingo。几乎每三页纸他就要碰到一个新的会拯救他的女人，这个女人比他之前所遇到的任何女人都要好，当然所有的一切都失败了。

通常被自恋暗流统治的人们之间有个契约，"我安慰你并让你维持着生活，你也要安慰我。"有时候当其中的一个人往前走逃离自恋后，关系会破裂。这样的改变给其亲密环境中的人带来了挑战。伙伴要么回应这个变化并且在情感上也发展起来，要么某种关系的破裂就出现了。

无法处理任何不愉快的事情

如果某个人干得很好，去赞美他是很好的。但如果一个人不得不得到赞美，即便他什么也没做也要得到它就有问题了。我前面提到过安娜·卡列尼娜在自杀前的行为。她一门心思在想伏伦斯基究竟是否爱她，但她做了什么来赢得他的爱呢？

前面谈到了自恋者指派某人来抚慰自己，但理所当然地，他自己也可以做很多。他可以通过令人愉悦的声音、气味、景致来抚慰他自己。这些都没问题，这是美感的基础。不过，我们得回到忽略的原则上。只有当个体无法面对任何令人不愉快、令人痛苦的事情（记住，所有的能量都被导向愉悦中心），而逃离到这些令人快乐的东西上时就是个问题了。当被激发的能量没有放在大胆却又结局不确定的事情本身上时，真正的情感自体是没有被满足的。我认识一个女子，当她丈夫身体健康、工作成功时，她显得聪明伶俐且欢快；而一旦她丈夫生活中出点什么差错的时候，她就情绪低落且无法走出风暴。她无力面对任何痛苦或危机。

我在拿破仑的传记中读到，他无法给下属立规矩，除非有人在同一个房间里作为观众。人们可能会想，拿破仑肯定是能够毫无困难地责备他人的。而事实上，历史上很多所谓的伟人都是如此。

杀人所带来的兴奋感

除了对抚慰的需求，色欲化自体的另外一种方式是通过刺激。那些特别让人兴奋的事情可以让自恋者过活一段日子。

我想谈谈关于兴奋的一些特殊的事情。杀人是让人非常兴奋的。我曾经访谈过一个青少年男孩，他告诉我，他是如何搞到一包炸药并在花园的树桩上引爆的。当他说的时候，眼神里明白无误地闪烁着光芒。当猎人朝高高飞翔的野鸭开枪，看着它在空中爆裂、羽毛四处飞散，最后撞向水面时，他体验到兴奋的战栗感。他在午饭时与朋友们谈及此事，朋友们也为他欢呼。大猩猩大部分都是素食的，但偶尔它们会杀死一只羚羊。有时候它们还会成群外出，杀死一只疣猴，把它撕扯开、肢解。当它们抓到猴子的时候，它们欢呼尖叫——尖叫声回荡在整个群体里。

第二次世界大战时，美国人在日本投了两颗原子弹，第一颗在广岛，第二颗在长崎，相隔六天。被派遣去投放第二颗原子弹的战斗队在投放之前陷入一种癫狂状态，他们唯恐在他们投第二颗原子弹前日本就投降了。投原子弹带来极度的兴奋感。如果有公路交通事故，我们都会停下来盯着看，特别是有血的时候。在法国大革命时期，当路易十六要被处决时，他们把断头台放在塞纳河畔的一个特别的转弯处，这样就能让最大量的人群观看。有一次我在一个酒吧里，听到一个男人非常兴奋地向一群人讲述，他当警察时，曾拿警棍把一个西印度群岛人的头给打破了。我在谈的是通过让人致残或杀人带来的普遍的兴奋感，而不是那些极端倒错的人，如伊迪·阿明、希特勒、马达加斯加的腊纳瓦洛娜女王。

自杀会激发同样的兴奋感，通过对自己的残忍。尽管这种被激发的兴奋感在自我觉知之外，但我的临床经验让我对这一点确认不疑。当在那个兴奋的水平上施虐时，要放弃它是很困难的，这就像毒品。我认为这种类型的残忍总是伴随着自恋情境。回到我开始时说的，没有自我憎恨，就不存在积极的自恋。克里斯托夫·拉什在其著作《自恋的文化》（1991）中强调了这一点。自恋个体的基本问题是，在心理客体被窒息的情况下，如何激发心理能量去过活。

《安娜·卡列尼娜》很好地描述了个体对他人和对自己的残忍。有时安娜和卡列宁绝对在互相迫害。如果我有机会选择是治疗安娜还是卡列宁，我会选择安娜。卡列宁否认了一切——所有的问题都在安娜身上。治疗他会是个梦魇，因为他不会承认自己身上有什么地方是错的。而安娜的确认为自己有什么地方是不对劲的。伴随着自我正义感，个体总是在情感的破坏性和施虐性行为上得到一些愉悦；而自我正义感是解离的一种形式。

第五章 自体的色欲化

破坏性和解离

当人们对自己非常具有破坏性的时候，总是有很极端的解离，而这会影响到周围的人。我曾经督导过一群临床医生，他们中有一个人在治疗一个极度困难的人。在一个阶段，治疗师报告在治疗中，病人拿出了手枪、把玩它、把枪顶着自己的头，甚至几乎扣动扳机。这给治疗师和团体带来了麻木感。这种麻木感正是解离的转移效果。

在纳西索斯的神话中，年老目盲的先知忒瑞西阿斯说，纳西索斯只要不知道自己是谁，就会活得长久。这些让人兴奋、破坏性的行为一定不能被知道——这个人的心理结构实在无法承受由此带来的内疚。

第六章
自恋的现象

到目前为止,我已经描述了产生自恋的过程,但我还没有真正描述自恋本身。似乎一开始就对自恋进行描述是更合情理的,但我认为如果我们首先理解它的一些构成要素的话,更能够抓住它的本质。

我已经强调过,一个受自恋暗流统治的人总是试图去隐藏它。自恋从来不会公开裸露出来。这是自私和自我中心的另一个区别。人们常常公开、毫无羞耻感地自私,但自我中心总是被隐藏起来。自恋总是不得不喷涌出来。矛盾的是,当它被喷涌出来的时候,它的结构在行动中也被改变了。当人们开始认识到自己身上的自恋因素时,这些因素就已经开始放手了。我们可以在临床情境中清楚地看到,当自恋暗流涌出——比如,极端的嫉妒,病人意识到他的嫉妒(可能他是做梦梦到了这个)他已经开始进入与嫉妒的关系,随之嫉妒的力量也开始减弱。

自恋是一种心智

当自恋喷涌而出，我们看到了什么？我们在寻找什么？我们期待着在哪里看到它？我们在寻找一种心智，理解这一点是极为重要的。心智是一个人对内在和外在事件的心理态度。一个人对事件的心理态度构成了事件本身的实质性方面。人们可能会说，"你无法改变你生活史中的事实。"这不是真的——你可以的。作为改变了的心智的结果，人们生活史中的事实改变了。就如同化学家通过增加或减少一个元素而改变了化合物一样。

去发现心智是很难的，因为它隐藏了起来。它隐藏在个体与内在及外在关系交织的网络中。内在与外在之间的混淆是自恋隐藏自身的方式之一。比如说，一个人对自己感到很难过，但是他并不会在和自己的关系中感受到它，而是把这种难过放到了别人身上，因此它看起来似乎是外在的。他可能会把他生活的大部分奉献给那些他为之感到难过的人。在这种方式下，自恋可以伪装成自我牺牲和奉献。（动机的本质是否会影响行动本身呢？这是个有趣的问题。实用主义者会说，只要事情做了，究竟是什么促使这个人去做这件事，是没有什么区别的。）

第六章 自恋的现象

自恋被隐藏的方式

一个男人发现妻子有外遇,因此他决定也去找个情人。在面对这种事情的时候,这个应对方式听起来蛮合理的。毕竟,除此之外还能怎样呢?但问题是,导致这种做法的心理过程是什么?它貌似是这样的:"我妻子有外遇,那么为什么我不能有?"与之相反,他还可以做些什么呢?他可以尝试去找出,他妻子为何需要外遇。但是自恋最重要的特点是会尽一切代价来回避自我认知,对往内看有着根本的恐惧,因此也会害怕问,"她为什么要有外遇?"。如果他认真地问自己这个问题,很多可能性就展开了。对此的讨论可能会充满愤怒的火药味,也会说出很多痛苦的事情,但丈夫和妻子间可能会发展出更有成果的东西。夫妻可能会认识到,婚姻已经走到了尽头,伴侣中的任何一个都可以朝更有成果的方向改变。对所有的这些可能性,丈夫仅仅是以酸楚的"不"来进行回应。其心智是,"有什么用?"。令人不愉快的事情发生了,"好吧,我要做同样的事情""我是不能被搅乱的""为什么该我这样?"。

我们可以想象婚姻咨询师对这个男人说,"你有没有想过,试着和你妻子谈谈?"他会说,"没有必要。我知道她会说什么。"当然,一个人可以以某种特定的方式接近另一个人,并以特定的语调与之交谈,他可能会导致对方以他所预期的方式做出反应。

"看到没有？我告诉你这会是毫无希望的。"他们总是在面质前退缩。面质的确是痛苦的，但是会带来改变。

在《安娜·卡列尼娜》中，伏伦斯基在赛马中从马背上摔了下来，那匹马不得不被处死，当卡列宁与安娜在马车里时，卡列宁集中体现了这个态度。安娜很不情愿地和卡列宁走进马车中回到他们的住地。

她沉默地在丈夫的马车上坐了下来，在沉默中他们驶离了车群。即便是他看到了这一切，卡列宁还是不允许自己去想想妻子真实的状态。他只是去看一些外在的迹象。他看到她的行为很不得体，并认为自己有义务告知她这一点。但对他而言告知她这一点是很难的，他也说不了更多。他张了嘴想告诉她，她的行为很不恰当；但与他的意志相反，他说了很不同的话。

过了一会儿，在安娜终于吐露实情之前。

她一丁点也没有听到他在说什么，她在他面前感到害怕，并很想知道伏伦斯基并没有死是否是真的。他们说，骑马的人并没有受伤，而那匹马的马背摔断了，他们说的是他吗？当他说完时，她仅是以一种假装的讽刺的笑容来回应，而且没有任何回答，因为她压根没有听到他在讲什么。卡列宁开始勇敢地说了出来，但是当她明白地意识到他在说些什么时，她所感受到的惊慌沮丧传递给了他。他看到了她的笑容，一种奇怪的幻想占据了他。

"她在笑我的怀疑。过一会儿她会告诉我之前她所告诉我的：

第六章 自恋的现象

我的怀疑是没有根据的,是很可笑的。"

既然所有实情的显露就摆在他面前,他如此盼望着她像之前一样嘲弄地回答他,告诉他,他所有的怀疑都是荒唐、毫无根据的。他所知道的实情是如此可怕,现在他准备好去相信任何事情。而她脸上害怕、沉重的表情没有给他任何希望,即便只是自欺欺人的希望。

卡列宁无法忍受面对面质的想法。他无法忍受去面对他所知道的,因为如果他这样做了,他就不得不问自己,"为什么这会发生?我应该做些什么?"他采取了无辜者的角色——委屈的男人,并几乎占据了自我正义的道德制高点。之后,他的朋友始终支持他自我正义的受害感。婚姻治疗师说,一个人总是带给另外一个人一些东西。显然,安娜把这带给了卡列宁。这一部分是她的问题。她为何把这个问题带给了他?

比较卡列宁和安娜以及斯基华和陶丽。小说以陶丽发现奥博朗斯基和法语家庭女教师有私情开篇。陶丽以一张犯错误的纸条来与他对质。如果卡列宁发现了一张犯错误的纸条,他很有可能欺骗自己说这是其他人写的,或者想这与他和安娜没有关系。奥博朗斯基的反应是非常自怜,但他的确想重新开放与妻子的关系,而在这情境中陶丽先采取了主动。

如果一个人认可,精神行动会带来自我认识的成长,如果没有这样的主动行动,一个人就会被困住,酸楚的拒绝会主导他们的性格。在小说《荒原狼》中,赫尔曼·黑塞写道,真正的自杀并不一定是这个人杀死了自己，而是在这个人身上，心理和情感过程已经死去。

对他人的接受

开创行动的活跃迹象之一是对他人的接受。一个受自恋暗流主导的人是封闭的，在内在切断与他人的联结。对我们这些心理治疗师来说，这引起了一个重要的技术问题。我们大部分的人被教导着，我们所做的事情最本质的方面是去听病人所说的。但是有听和倾听两种。有一种倾听，是去倾听在实际交流背后所隐藏的乐篇，这与恰当地去听到任何所讲的东西是相反的。如果一个人所说的并非来自开创性的行动，而是几乎全部来自被动的状态用以让别人行动，或者他们的谈话是用来阻断真正的交流的，那么治疗师保持沉默是没有价值的。

有一种观点认为，当病人沉默的时候，分析师最好的回应也是保持沉默。如果病人的沉默源于害怕首创行动——如果有一些内在的威胁性的形象使得这个人害怕治疗师或者分析师——那么治疗师也沉默就没有什么好处。"哦，好的，如果你想沉默那我也保持沉默好了。"这就像那个有外遇的男人，因为他妻子有外遇，他也找了一个情人。当然，所有的这一切都在他的觉知之外，但我的确认为在这些情境下治疗师需要与自己的思考联系起来，允许自己的想象尽可能自由驰骋，并依着自己的思考说话。当两人

第六章 自恋的现象

共处一室,在相当亲密的相遇中,他们的思绪和想象的过程几乎总是会彼此影响的。因此,需要治疗师把这些想法说出来。

举一个简单的例子。治疗师和病人坐在一起,病人讲了很多,治疗师真正的想法是,"对此我一点也不理解。我感觉很困惑。"这个想法需要被讲出来——以一种能够传递一些意义的方式。在做督导时,有无数次,我问治疗师,"你真正是怎么想的?"治疗师告诉了我他所想的,但接着说他没有把这些告诉病人。为什么这样?我认为,他会觉得这太亲密了,太让人难过了,也许太刺耳了。我确信,在此情境中病人以这样的方式来行动以至于我被排除在外(当然我代表了他人),而我不把我的真实想法说出来,那么自恋就不会被触及。如果你有这样的想法,"我对此一点也不理解。这对我来说就像毫无意义的闲聊",并把它告诉病人,那么这很可能会给自恋暗流打开一个口子。

我听说最近在美国有人做着这样的工作:监测严重自恋障碍病人的交谈。所呈现的事情是,自恋障碍的人的言语模式会妨碍其他人的思考过程和自然交流过程。当分析师用自己的思考,并传递这些思考时,会打破自恋的存在方式。

以下是这种干预的有效性的一个简单的例子。我曾经碰到这样一个病人,无论我和他说什么,他都毫不在意。我让他注意到他已经无数次这样做了。一开始,他描述他妻子忽略他的方式,而每次我做这样的干预的时候,他对妻子行为的叙述就会改变——他妻子会给予他更多的注意,等等。但是,如果我曾经这样建议他,"为何你不与妻子好好谈谈并鼓励她对你好一点?"

这会是毫无希望的，因为这样我就是在做反应，而不是与病人一直在做的（行动）有情感上的联结。那些让自己成为被动的接收器的分析师会让病人处在自恋状态中。

说出自己的思考

说出你所想的需要些勇气。有时候我有些想法我自己都感觉有点疯狂，我想如果我把这些想法说出来病人也会觉得我简直疯了，但无论如何我还是往前走，而这通常是很有效的。对谈出自己想法的抑制需要被克服。

在我成为精神分析师很久以前，有一个病人在一次精神病发作后到我这里来。我所接受的培训还不足以让我应对这样的病人，我花了相当长一段时间意识到她的言谈是在描述她在墙上看到的幻视的图像。我的本能是继续与她交流，所以我试着对她所抛出来的这些意象做一些想象性的回应。我记得我当时想，如果有人通过单面玻璃看着我们，并听到我们异乎寻常的对话，我们两个都会被强制送到精神病院。事实上这类想法会抑制我们谈出需要被谈出来的话。

我们发疯般的对话进行了大约三个月，有一天我对自己说，"我对此很厌倦了"。我没有其他的线索来做出诠释，我对我们俩都卷入的这种奇怪的模式是保持觉知的，而且我认为这是为了她。她一直在给我一些离散的、小小的、暗示性的交流，而我把这些再编织成一个连贯的故事。下一次当她又开始的时候，与我通常所做的相反，我说，"你想要我把这个建设成有意义的结构，因为你认为你没有办法自己做这件事。"直到那一刻之前我们的交流都是共情性、温暖的，但这之后她变得极度愤怒。我一直都符合她的某种期待，但是在那个点上，我不再那样做了。我的诠释是这样说的，很有效，"看看你自己是否能开始把这些材料编织成你的图案，如何？"我在这种情境下的挫折感驱使着我去进行诠释——我宣布我是他人，并且不再接受成为她所要指派的对象。

关闭的态度

这是另外一个自恋的例子。一个男孩放学回来让爸爸帮他造一个飞机模型。爸爸说，他得先打个电话，20分钟后再过来和他一起造飞机模型。男孩说，"哦，没事，没有关系的。别麻烦了。"那个男孩的愿望没有得到即刻满足，所以他暗中使坏地搞了自己一把。"我不想要你的帮助，除非你做我想要你做的。"这是一种自私偏狭的"想要"。如果这个男孩真的在做飞机模型时想要帮助，他就得准备好等待。其满足在于获得这个——"就是现在，当我想要的时候。"这给了男孩把父亲当作自己的延伸的满足感。当他没有得到的时候，他内在有一种暴怒，然后背向暴怒并假装自己不在乎。其根本的态度是关闭了自己。"我不想给自己与爸爸一起制作飞机模型的快乐。"

自恋：一个新理论

关闭在《安娜·卡列尼娜》的下面片段中也被精致地刻画了出来。还是关于卡列宁的。

自从他们在那晚培特西公爵夫人的晚宴上的交流之后，他从未再与安娜谈过他的怀疑和嫉妒。而他嘲弄别人的那种惯常的语气，用在他现在对待妻子的态度上再适合不过了。他对她有点冷淡。在那天半夜里首次交谈而她抗拒了之后，他仅仅是表现得对她有点不高兴。在他的态度中，有一种恼怒的阴影，除此之外，别无其他。"你不会对我开诚布公的。"他似乎在说，在心里对她讲，"这样对你只会更糟。终有一天你会求我坦诚地与你交流，而我不会听的。这样对你只会更糟。"他在心里这样说，就如同一个徒劳地努力想要把火熄灭的男人，在尽了力却无用后很恼怒并说，"好吧，烧去吧！这是你自己的错。"

卡列宁恨安娜，但是他抑制所有与她的情感联系。他把自己所有的报复想法放在心里，并以冷淡的方式表达他的憎恨。他基本的情感态度是避开她。那个伟大的"我"被冒犯了。如果他把自己的憎恨说出来，那是走出自恋的一步。把卡列宁与陶丽在面对奥博朗斯基的不忠时的表现相比，她也很震惊、恨自己的丈夫，但她表达了出来。

第六章 自恋的现象

采取报复

由于自恋的人并不能有意识地认识到他们在生气,所以就有可能发展出最精致形式的报复。比如,在英格兰的一所大学里,一个男人没能得到他所期待的一份专业工作;而他的竞争对手得到了。一段时间后,这个被打败的男人提议把这门学科分裂成两个部门。其理由被详尽地叙述在各种文件中。然而,很难不得出这样的结论:其动机是剥夺他的竞争者的一些权力,并为自己谋取更大的权力。而且事实上,这导致了产生两个部门的结果。再次,我们回到了那个有趣的问题:由自恋动机所激发的行为是否与那些更健康的动机所激发的行为一样成功和富有成果。

不被允许说话的小孩

自恋的消极性部分是出于这样的事实:自体中被否定的孩子,那个人格中自发性、情感的源泉——它可能是一个嫉妒的孩子,妒忌的孩子,憎恨的孩子——没有被给予说话的机会。一个人内在的感受根植于这个婴儿,但是这些感受没有被表达。自恋的人常常抱怨,没有人理解他们,而他们期待的是,即便他们什么也不说,治疗师也会理解他们。这是最能说明问题的迹象。我的一个精神病人认为她不需要交流什么我就应该理解她。对这个病人，比昂和我说，"你必须告诉她，如果你要很好地起作用的话，她必须把情况告知你。"

  作为治疗师你也许会有一些理论的理解，但你永远不会有一些活生生的理解——在关系中——除非有些交流来自其他人。有时候病人会努力去交流，而你没能抓住这一点。有能力去分辨这样的情境和自恋者（对交流不感兴趣）的情境是极为重要的。自恋的人把治疗师看成一个了不起的样样都"知道"的人，而这是治疗师要抵抗的。我曾经恼怒地对一个病人说，"想象一下，我是一个机车司机，从来没有看过任何心理学的书。你就想着我是这样的人，而你正在和这样的人说话。"

  在伦敦有一个病人来见我。他负责一个很大的社会福利机构，他说到我这儿来，是为了更好地理解一些精神分析的概念，他认为这会帮助他更好地管理他的团队。他说他只想一周来一次，因为他只需要这么多，无论如何，因为他的工作他也来不了更多次。（这样的情境会把治疗师或分析师放在一个困难的位置上。这个男人想要治疗，但又对之害怕。所以他把分析师放在一个精神分析几乎注定是无法起作用的位置上。）当我接受了他之后，我告诉他我要休假的时间：圣诞节十天，复活节一个礼拜，八月份五个星期。当我告诉他时，他说，"还有很长的时间，我不必担心这个。"然而，他的眼睛闪出惊恐的神色。我猜测这些中断会是个大问题，我心里想，有一个极度依赖的婴儿被这个夸大的成人外壳所统治着，这个夸大的成人在说，"你没有必要为此担

第六章 自恋的现象

忧。你是不会被搅乱的。"

结果,在圣诞休假期间,他喝醉了,对妻子暴怒;在复活节期间他有了外遇。我害怕在八月份的长假期间他会做出点什么。无论什么样的诠释对他都不起作用。我意识到一周一次并不足以抱持这个婴儿。我努力向他指出,酒醉和外遇源于他内在的孩子对我离开他非常愤怒,但一点用处也没有。

当八月份的休假到来时,在最后一次治疗结束后几天他出了场车祸,在医院待了几天。幸运的是,他只受了轻伤。我是回来后知道的,那时他告诉我他要离开一个月。我给他指出,他要离开是因为他对我生气,因为我离开了一个月,并让他一个人在医院憔悴地思念着。他看起来充满憎恨,下一次治疗他告诉我他觉得我所说的根本不对,他决定结束治疗。无论如何,他还是说,在上次治疗结束后,他感觉好多了,比他之前所感觉到的都要更完整。他说这些完全是他自己的功劳,与我上次所说的毫无关系。有点粉饰太平的是,他接着继续说我对他是多么有帮助,他学了那么多精神分析的知识,而这一些对他管理自己的团队是多么有用。

这里有两个层面的内容在运作。在一个层面上,我对他很有帮助,但在另外一个层面——在那个地方我有一些真正的帮助,在那里,那个否认的成年人被往后推以利于在某一个片刻婴儿有个透气的空间——他还没有准备好去承认我为此做了点什么。那件有帮助的事情必须被他自己所拥有。

这个小案例显示了自恋的内在情境:自体的夸大部分令那个

婴儿窒息。那个婴儿无法应对长长的休假。夸大的部分接管了过来并无法忍受婴儿往前走一步。那个夸大的部分被投注了很大的精力以把自体固定住，然后以一种假性成熟的方式对待我们。

消极性和自杀

现在我想说说自恋中极端的消极性甚至自杀之间的关系。在《安娜·卡列尼娜》中，安娜自杀身亡，伏伦斯基自杀未遂，列文挣扎于自杀的冲动中。在我所引用的两个神话中，纳西索斯和卡西乌斯都自杀了。朝向帮助的一步总是会带来相应的知识，这就是为什么它会被回避。任何朝向*生命给予者*的步骤都会带来知识。如果婴儿自发的情感自体被触及，如果有一些联系被建立起来，这会允许个体瞥见那个恐怖的暴君，他窒息了自体，并且不允许它去与任何促进生命的人和事建立联系，而这常常会产生绝望。

自体的夸耀性部分总是会在这样的时刻插进来并夸大真相，说一些诸如此类的话，"你看到了吗？你所做的一切都是绝对无望的。"它从内部进行谴责，恰恰在那个人走那一步的时刻。那么这个人很容易在那一刻变得非常消极并自杀。

当治疗师看到这样的情境浮现，极为重要的是要意识到这种消极性多么有害。至关重要的是要看到那个自恋心智，抱持住它并让病人也能够看到它。如我之前所说的，努力让病人去感到更有希望是错误的。这对他们没有帮助。要做的事情是去把那个消极、自我怜悯、报复的心智清晰地呈现并抱持住,避免任何谴责的意味。如果病人能够看到其心智中所有的死亡色彩,这可能会动员人格中的勇气并使得他能够站起来对抗它。

第七章
创伤和自恋选择的关系

自恋几乎总是创伤的产物。自恋的整个运作方式——夸大和否认自体的某些部分——是一个防御过程。在碰到一个非常自恋的人的时候,人们很难理解这一点,因为这样的人总是会使得人们想逃离他,让他们焦虑或愤怒。

当你试图治疗自恋的人时,其中的一个困难是,在你穿越他的一些防御之前,你无法真正发现究竟有什么创伤。在有些人的生活史中,你也许会看到他们童年时的一些可怕的灾难,但是谈论事件本身——无论谈了多少,都是没有治疗价值的,除非叙述与那些事件的情感现实建立了联系。你经常可以听到有人谈论他们经历过的创伤,他们甚至会哭泣,然而他们是带着距离谈论这些事件的。这是很能被理解的,因为如果曾经经历过严重的创伤,一个人最不想做的事情就是在情感上回到创伤曾经发生的地方。

创伤的本质

"创伤"是一个医学心理学的词汇,意味着"震惊"。当人们被震惊的时候,他们会失魂落魄,他们不知道究竟是什么击中了他们。情境有了突然的转变,他们会感到恐惧。他们无法适应这种情况;他们的心理实质被深刻地震动到了。他们内在和外在关系的结构从根本上被改变了。发生的事情并不一定是什么新鲜事儿,而是心理实体对此事情毫无准备。一个五十岁的人可能会对妈妈的死有些准备;而一个一岁的孩子是不会有的。在整个生命历程中我们都在为一些特别的丧失、分离、死亡等做准备。创伤的本质是一个个体稳定期待的稳固性被粉碎了。

如同温尼科特所强调的,在心理成长中,有一个稳定的"去依恋"(detachment)的过程:孩子在爸爸的帮助下,在一定程度上从与妈妈的紧密联结中分离出来,并去建立新的依恋关系、上学,等等。去依恋有着自己的节奏,是由内在的扳机决定的,而且需要得到情感滋养的帮助。当这个过程被突然扰乱时,就会带来震惊。

把自己推到创伤性的心理建构上

我在此想要表述的观点是，应对创伤——一个突然的冲撞性的刺激——的众多方式之一，是自恋性的选择。为了让自己与正在发生的事情保持距离，人会进入自恋的存在方式中。在一个夸大的状态中，他或她能够把那些痛苦的事情推开，能够把一部分的自己驱逐到他人身上，并以一种麻木的方式生活，以抵御任何痛苦的事情或情感。

经历过创伤，人会把自己推到让别人受创伤的模式中（当他呈现出夸大的身份认同时能够做到这一点）。如果有人曾经被父母残忍地对待过，与这种创伤共存的方式之一就是把被这样对待过的婴儿自体推开，并残忍地对待别人。那些被独裁权威式父母带大的人常常用同样的方式来养育他们自己的孩子。有时候他们做的是相反的，例如过度溺爱孩子，但基本问题是一样的——受到创伤的人把自己导入创伤性的心理建构上。

我曾经碰到过这样一个案例，一个男性病人在初始评估时，说他爸爸非常严重地对他施虐，当他做任何鸡毛蒜皮的淘气的事情时，就要站在家中车库里，而且还要两手平举三个小时。如果有一只手掉下一点点，他爸爸就会鞭打他。这个男人有两个孩子，一男一女。治疗师注意到他几乎不提儿子，而不时会讲到女儿和妻子。所浮现出来的事情是，这个男人开始要对自己的儿子做出残忍的事，就和当初他爸爸对待他那样。这个男人通过在心理上处在曾经的创伤中来解决自己的问题。而这诱发了他的焦虑，并推动他来寻求心理治疗。很有可能这个男人前来接受治疗，但是并没有觉察到自己的创伤。可是治疗师注意到，他从不提及自己的儿子。他没有谈到这个男孩，因为他对儿子感到非常内疚。

让病人明了，去收回这些属于自己的情感、特质或经历是可能的，尽管要有大量的治疗策略和技巧。一旦这些被收回，就有可能对它们进行工作。有时候焦虑是如此巨大，以至于这个人会把其推开，永远不去寻找治疗师或分析师的帮助。也许大部分的自恋病人从来不会走近分析师或治疗师，而只是去伤害他们周遭环境中生活着的人。

下面是一个人把她自己推向创伤性的心理建构的性格模式的例子。我曾经治疗过一个接近五十岁的女人，她弟弟有严重的身体残疾，因此她觉得妈妈把所有的注意力都放在弟弟身上。这是她最抱怨的地方。在治疗的相当早期，有时候我注意到她的注意力有很多是聚焦在我身上的。如果我感冒了，她会为我担忧着急。我有一个膝盖不好，偶尔走路会有点跛。如果她注意到我在跛行时，她会极为关注："您还好吗？您不需要担忧。下一次治疗不来的话我会感到高兴的……"

她对我的行为与她妈妈对弟弟的行为非常类似。为什么她把自己推到了母亲的身份上呢？一个人自己的感受可以给他一个究竟在发生着什么的信号。与所期待的相反，我没有感觉到她在关心我。我对她持续的过度保护感到恼火。她来见我的合理的期待

第七章 创伤和自恋选择的关系

是我能够给她提供治疗,但是所有的对我的忧虑阻止了她从我这里寻求帮助。

很多次,我都解释道,她在我身上重复她妈妈和她弟弟的故事,但效果甚微。有一天我说,"你知道,你到这儿来不是为了照顾我的身体健康状态,所以我很好奇你为什么要这样做。"这让她很震惊。她接收到了这句话并告诉弟弟她正在接受治疗,因为她有很多问题。她弟弟听后非常放松,因为他一直以为他是家里唯一有问题的人,而且他觉得自己是家庭的负担。他觉得她正在承认,事情不是这样的,而且他请求她把这件事情和妈妈说说。在一些犹豫、不情愿之后,她去了。她妈妈听后说,她一直感到很受挫,因为女儿从来不允许她来照顾和养育,而这也正是我的感受——她不允许我来治疗她。她很受伤,觉得妈妈把所有的注意力都给了弟弟,所以她把自己的心关上,说,"好吧,那我什么都不要。"通过这样的方式,她在拒绝妈妈,这让她弟弟更痛苦,也让她自己痛苦。她的夸大在于,"我不需要妈妈。所有其他的病人来找这个家伙做治疗,他们需要这个,但我不需要。我是来照顾他的。"

通过选择自恋,人们把自己推向了迫害别人的模式而不是去挑战它。费尔贝恩谈到过坏的内在客体,我认为他说这个的意思是,人们把自己推到一个坏的身份认同的位置上,而没有意识到自己正在做些什么。这个女子意识到,自己貌似博爱的行为其实是相当吝啬刻薄的:对妈妈、对弟弟以及对自己的拒绝行为,还有在治疗中的拒绝行为,这对她是个相当沉重的打击。她非常遗

自恋：一个新理论

憾她曾经也拒绝了婚姻并因此伤害了自己。

自 恋 的 壳

当人们经历了可怕的创伤，并通过把自己推至创伤他人的心理建构上来处理自己的创伤时，他们就开始了作茧自缚的生存方式——他们是非常解离的。有时候我把这个茧称为自恋的壳。我的经验是，他们一直待在壳中，而当他们前来治疗时正是要破茧而出之时。回到那个曾经遭受父亲施虐的男人身上，他在自己自恋的壳中待了很久，但是没有什么特别的事情呈现来活化这个创伤。但是，当他儿子的年龄到了他曾经被残忍地对待过的年龄的时候，这种行为开始在与儿子的关系中展现出来。显然，它到了一个让他无法忍受的地步，所以他要寻求治疗。

在分析师和病人间常常会发展出这样的战争：分析师努力地要把病人从茧中拖出来，而病人不顾一切地往另外一个方向拉，极力让自己原地不动。另一种情况是，病人允许治疗师或分析师成为自己的生命力、自己积极生命的延伸的保存者，让治疗师扮演把自己从壳中拉出来的角色。在这种情况下，他们会有点知道，很可能不是意识层面的知道，他们之前被某种使得他们的生命窒息的东西紧紧抓住了。

《安娜·卡列尼娜》中的一段情节可以阐明这一点。当安娜看起来快死的时候，卡列宁和她在一起。当他要离开的时候，她

第七章 创伤和自恋选择的关系

对他说：

"请等一下，你不知道……等会儿，等会儿！……"

她停了下来，好像在努力把想法聚集起来。"是的，"她开始说，"是的，是的，是的。这是我想说的。不要对我感到奇怪。我还是原来的安娜，但是在我身上有另外一个女人。我对她感到害怕：是她与那个男人坠入爱河，而且想要恨你，但我无法忘记那个曾经的自己。我不是那个女人。现在我是真正的自己了，完全是我自己了。我现在要死了，我知道的；你去问他。我已经感觉到死亡的到来。我的手和脚像铅一样重，而我的手——看看它们：看它们多大呀！但很快这一切都会结束……我只希望你能原谅我，完全地原谅我！"

意识到在自己身体里还住着另外一个人，这个意识到的力量使得一个人把自己健康的部分交托给治疗师并说，"看在老天爷的份上，请照顾它。在我身上的另外一个人是如此地令人窒息。"

有时候，那些成功地挣脱了那个茧并对此进行反思的人，会将此归功于曾与他们谈论情感的那些朋友、亲戚，与这些人的情感交流会以某种方式帮他们把束缚着的茧打破一点，并使得他们开始触摸自己内在的情感生活。然而，通常这样的情感接触并不足以把一个人从茧中拉出来。当人们来寻求治疗时，他们是希望有人能拉一把的。毫无疑问，也有一些人不需要治疗，而是通过一些生命体验和生活状态的达成成功地走出自恋的状态，但这种情况很少见。

当人们把自己推入创伤他人的心理建构模式中时，有时候也就同时把自己推入了创伤的时间结构中。我认识的一个人在几年前开始接受精神分析，而在进行了四年九个月的时候他非常突然地离开了治疗。他的朋友后来发现他妈妈过世时，他恰好是四岁九个月。在离开分析后不久他自杀身亡了。我想有时候，在一个特殊的时刻下，究竟是要待在创伤性的心理牢笼中还是要努力把自己拖出来，他们对此会有激烈的挣扎。我想这个人已经到了这样一个时刻，而他把自己拉出来的努力失败了。

累积创伤

有时候并非是一个特别的创伤事件促使自体进入一种特别的性格特质中，而是精神分析文献中所说的累积创伤。人们会受到父母性格的情感特质的创伤。比如说，某人的妈妈或爸爸情感很冷漠，那他从婴儿期开始就会把自己推入这种性格。把婴儿对爱与安慰的渴望和寻求压抑，他们穿上了冷淡、无情、情感退缩的性格外衣。所有一切中最具创伤性的体验是缺乏来自妈妈或爸爸的情感供养。然而，很重要的是，不要去责备父母。他们自己可能也有严重的困难，如在他们自己的童年期罹患疾病、丧亲或被剥夺，等等。

第七章　创伤和自恋选择的关系

朝向自恋的推动力

自恋选择是对创伤的防御，这是两者的关系。把这称为一种选择，正确吗？对婴儿来说，有其他的选择吗？回答这个问题是困难的，但是逆转它的机会确实存在。意识到朝向自恋的推动力会被创伤体验加强，因此创伤体验越强，朝向自恋选择的推动力就越强。它还取决于婴儿所达成的心理发育阶段。创伤发生的年龄越早，朝向自恋的推动力就越强。如果一个人画一个等式，T 代表创伤，DS 代表发育阶段，PN 是朝向自恋的推动力，PN 的强度就是 T 和 DS 的乘积。费尔贝恩（1976）认为，我们每个人从婴儿期开始都有一定的情感耐受力的阈值，当压力超过这个阈值的时候，自我就会崩溃。他还认为，当一个人被暴露在过度的压力下时，会采取自恋的解决方式。

创伤会把一个人从自恋中拖出来

在成年生活中，或者也许在童年晚期以及青春期，创伤也确实能够有相反的作用并开始把一个人从自恋中拖出来。拿那个有个施虐性父亲的男人的例子来说，当他发现他开始要施虐性地对待自己的儿子时，那个创伤启动了他治疗的欲望。

精神分析本身是一个创伤性的情境，病人把自己置身其中，有时候会导致很重大的事情发生。比如说一种常见的现象，进入精神分析治疗中的人会开始一段艳遇，这在一定程度上有助于建立一道屏障以抵御精神分析所带来的刺激。精神分析是创伤情境的一个例子，如果令人满意地进行的话，它会调适至把这个人从自恋状态中拖出来。

抵御痛楚的保护

当自恋被选择的时候，它是为了保护个体免于可怕的痛楚。记住这一点是极其重要的。与一个有很深且强烈的精神痛楚的人在一起是很困难的，正因为如此，有时候在一些治疗情境或分析情境中，病人和分析师都会保护自己免于这种痛楚。然而，想好转的话，精神痛苦是无法避免的。

创伤越严重，自恋的暗流就越强烈和牢固难破，这意味着需要更多地支持人格中的健康部分以使得这个人能够从中走出来。这个人所要做的是放弃为自己所构建的一些特殊的防御方式。治疗师的任务是去支持挣扎着提升生命的那一面，软化、溶解绝望地想待在自恋的庇护所里并保持麻木的那一面。

第八章
逆转自恋

有没有可能逆转自恋情境呢？在此我提出的理论是，自恋是在人格深处应对创伤情境的一种选择。既然它是被选择的，就有可能逆转这种选择。然而，有些创伤是如此严重以至于使人的精神崩溃了。想一想安妮·弗兰克的故事。她忍受了可怕的苦难，但最终，在集中营里，姐姐的死击垮了她的精神，她也死了。我的观点与鲍比的研究结果一致，他认为婴儿与丧失的关系有三个阶段。我认为，当精神垮掉了，这个人会把自恋作为一种解决方式。这与 Frances Tustin 的观点一致。她认为自闭的壳掩盖了绝望的黑洞，而我相信她所描述的婴儿期的自闭与婴儿期的自恋很类似。

我的观点是，个体被给予了机会，也许是好几次机会，来改变那根本性的自恋选择。这与决定论的观点相反。他们认为，自恋是出于特定的状况——创伤而出现的，因此也难以看到它如何被逆转。我认为有一个中间的步骤，是对创伤的情感回应。这必须在我之前所说的*生命给予者*的视角下来看。*生命给予者*是内在的心理客体，她只有在被选择的时候才产生。她是在外面的，但是当被选择的时候，她就在里面了。选择的那个片刻总是要冒险的，需要一些鲁莽的勇气。安全的天堂被抛弃了，而不知道所选择的是否会更好。在神话中，在最后一刻，卡西乌斯不敢跨过那条河流。在《安娜·卡列尼娜》中，安娜死之前悲惨的上百页故事里，她一心想的都是伏伦斯基是否爱她。

这种类型的一门心思——"这个人是否爱我？"总是有一种内在的酸楚、有毒的心智。这个人持续地要从这种心智中逃离出来而一门心思地往这念头上钻。在我之前提到的小说的所有这些章节中，似乎安娜内在没有任何的"往前"的移动。她做了什么去获得尊重？吉娣、列文和陶丽都做了有价值的事情。即便是奥博朗斯基也把列文和吉娣撮合在了一起。而且在他债台高筑的时候，他终于让自己在一个委员会中得到了一份工作。但很难看到安娜做了些什么。安娜的悲剧在于她的内在开始向前走的时候，她自杀了。她开始恨伏伦斯基，这是开始认识一个客体以及与这个客体在心理上的关系的向前的行动。

逆转自恋的故事

我想吉娣和列文之间所发生的故事是逆转自恋的故事。在所有伟大的文学作品中，外在的行为都象征了正在内心中所进行的故事。当吉娣用"恐怕不能"简洁干脆地拒绝了列文时，列文受了伤。但这里就存在安娜－卡列宁夫妇和吉娣与列文的区别。在

第八章 逆转自恋

两段关系中，伏伦斯基都进行了搅动：他象征了什么？安娜和吉娣的最深沉的欲望通过对伏伦斯基的突然的激情式依恋被甩了出来。伏伦斯基拥有什么，是列文和卡列宁都没有的呢？其特殊的特质是什么？他是如何施展这么强大的魅力的呢？一个显然的答案是他极具性魅力。然而我们不能就在此打住。为什么他能够激发如此不顾一切的性激情呢？我想他代表了个体所害怕的一种内在的暗杀者，这促使个体快速地逃离到性激情中。伏伦斯基并不理解灵魂内部所带来的启迪。他是内在杀手的性表征，安娜逃进了其怀抱。而吉娣尽管也深深迷恋，却能够避免。当安娜面临死亡时，她感到内疚和遗憾，但接着这个大吊闸又落下了。我相信，这是因为她无法面对她在自己内心所塑造的暗杀者所带来的恐惧。而对吉娣和列文来说，这种对暗杀者的塑造从来没有发生。他俩之间有一个裂隙，无论多小，使得两人从来没有真正接近过。这是列文和吉娣间的一个感人的重逢，发生在奥博朗斯基家。

列文同意陶丽的观点，即未婚的姑娘应该在家里做做家务。他说如果没有女人的帮助，没有哪个家庭能够正常运作，因此每个家庭，无论是贫穷还是富有，都得要有保姆，无论是雇用的还是亲属。

"不，"吉娣说，她的脸涨得通红，但还是勇敢地用她率真的双眼看着他，"一个姑娘被置于这样的位置会使得她在家庭生活中感到受辱，因为她自己……"

他理解她暗指的是什么。

"哦,是的,"他说,"是的,是的,是的——您是对的,您是对的。"

只是因为他瞥见了吉娣心中对还是大龄未嫁女子的羞辱感的恐惧,他顿时明白了彼斯卓夫在晚餐时大谈妇女自由的一番话;因为爱着她,他感受到了那份恐惧和羞辱,他立刻放弃了他的论点。

接下来是沉默。她继续用粉笔在桌上乱写。她的眼睛闪烁着柔和的光芒。臣服于她的心境,他感受到一份穿透他整个存在的持续增长的幸福的张力。

"哦,我把整张桌子都乱涂乱写满了!"她惊呼,把粉笔放下,准备着要起身。

"什么!我要被单独留下来——没有她在身边吗?"他恐惧地想着,并拿起那粉笔。"别走。"他说,并坐在桌子前。"很久以来我想问您一个问题。"他直盯着她亲切,尽管有些受惊的眼睛。

"是什么呢?"

"这里,"他说,并开始写首字母,w, y, t, m, i, c, n, b—d, y, m, n, o, t。这些字母代表的意思是,"当您告诉我不能的时候,您指的是永远不能,还是那时候?"(When you told me it could not be—did you mean never, or then?)似乎她不可能破解这一串复杂的密码;但他看着她,就像他的生命有赖于她对这些字母的理解。

她认真地凝视着他,前额斜靠在手上,开始读了起来。有一

两次她偷望着他,就好像在问,"是我想的那样吗?"

"我知道这是什么意思。"她说,有点脸红。

"这个字母是什么意思?"他问,手指着 n,代表 never(永远不能)。

"那是 never,"她说,"但不是这样的。"

他很快地擦掉他所写的,把粉笔给她并站了起来。她写:T,I,c,n,a,d。

与卡列宁的谈话让陶丽很悲伤,当她看到吉娣和列文在一起时,这让她的悲伤获得些许安慰。吉娣手里拿着粉笔,害羞、快乐地微笑凝视着列文,他良好的体型斜弯,俯看着桌子,明亮的眼神一会儿看着桌子,一会儿看着吉娣。他突然容光焕发:他理解了。那些字母意味着:"那时我无法做出不同的回答。"(Then I could not answer differently.)

他用询问的目光怯生生地望望她。

"只是那时候吗?"

"是的。"她微笑着回答。

"嗯,那么……现在呢?"他问。

"好吧,读这个。我来告诉您我所喜欢的,我那么渴望的!"她写了首字母:I,y,c,f,a,f,w,h,意思是"如果您能忘记和原谅过去所发生的。"(If you could forget and forgive what happened.)

他抓住粉笔,紧张、颤抖的手指把粉笔掰断了,他写了下面

自恋：一个新理论

这句话的首字母，"我没有什么好忘记和原谅的；我从来没有停止过爱您。"

她坚定不移地微笑着望着他。

"我知道。"她用耳语式的声音说道。

他坐下来又写了一个长句。她完全地理解，而且没有再去问她理解的是否正确，她拿了粉笔并立刻写了她的回答。

有很长的时间他无法理解那是什么，并不断地去看她的眼睛。幸福感让他感到眩晕。他完全无法填充她所要表达的单词；但在她充满爱意、弥漫着幸福感的眼睛里，他看到了他所有想要知道的内容。他写下了三个字母。但在他写完之前，她已经把它们读了出来，而且她自己把他要写的写完并写了她的答案："愿意"。

作为一个内在成分的*生命给予者*，来自黑暗中的一次跳跃。这一小段给出了可怕的冒险的感觉。我觉得在此没有谁能比托尔斯泰做得更好。当采取这些巨大的情感步骤的时候，人们心里的恐惧是巨大的。我记得有一个接受我心理治疗的男人说，"我鼓起勇气所走的这一步就如同爬上珠穆朗玛峰那样伟大。"我很认同他所说的。但正是朝外的这一步形成了健康自体的核心。

第八章 逆转自恋

自体对他人的侵犯

那个教我最多关于精神分析和情感交流动力的病人在治疗的关键时刻开始恨我。这是一种尖酸激烈、无情的憎恨，持续了三年半，而这使得我焦躁气馁。她时常抱怨的一点是，作为一个男人，有些事情我是不可能理解的。我想她很可能是对的，在某个时间点上，我请了一个女同事看了她几次，以评估一下状况。我同事得出的结论是，病人最好继续和我治疗。然后病人支持不下去了，非常强烈的爱汹涌而出，紧随着的是对已经伤害我的巨大焦虑。

我想我在她身上见证了自恋的逆转，但是以憎恨开始的。憎恨依然是一种封闭以及害怕对*生命给予者*的接受。它是一种对他人在场的憎恨，但它也承认了他人作为他人的存在，它是一种行动。无论如何，当逆转最终被允许发生时，仇恨被打碎而爱取代了它。

这种憎恨的根本原因是什么？很简单，是他人的存在。在自恋的幻想中，是没有他人的，只有我。我有两个病人曾经告诉我，在他们童年期时的幻想中自己是世界上唯一存在的人。在自恋状态中，会对这种幻想有一种绝望的执着，只不过通常都被隐藏起来了，因为这个人会把自己投射到他/她认为是自己的一切的人物身上。安娜就对伏伦斯基做了这样的事。

自恋者维持"不存在他人"的幻想的方式之一就是去控制这个"他人",那么另一个人就不会变成为他人。这是自体对所仇恨的他人的侵犯。

对那些切断与他人联结的病人而言,他人代表了他们自身被窒息的部分。在分析情境中,如果你有这样的反移情体验:你完全被排除在外,没有被当作一个人来对待,那你就知道这象征了病人内在的人格。憎恨是第一步,因为它是认识到他人存在的第一步,自然这也意味着他们对自己的憎恨——对自己努力要出生的那一部分的憎恨。我确信托尔斯泰在吉娣和列文缓慢萌生和发展的爱中想要象征这一点。

阻抗的力量

现在我们需要去理解一下,为什么这种会逆转自恋向外、向他人的运动,会如此猛烈地被抵抗。我确信的一点是,它在抵抗着一种绝望感,这比分析治疗中你会遇到的任何障碍更为强大、更为猛烈。一个人整个一生都如履薄冰,大厦将倾的危险似乎是世界末日的到来。当罗马帝国在公园前410年崩溃时,帝国的市民认为世界末日到了。圣奥古斯丁写了一本很长的书《上帝之城》,努力去阐明帝国崩溃后世界依然存在。

对病人来说,所有似乎是确定无疑的、所有在一生中建立起来的——也许是长长的一生——都被体验为崩溃了。也许我们可以设想在安娜自杀前冲动地赶去见陶丽时对这种崩溃的觉知微弱地闪烁了一下，但是重建的工作常常是如此的浩大，因此自恋的声音会说，"别麻烦了"。当希望摇曳时，内在自恋的暗流动用了所有的力量去镇压这个新发现的形象。

还有就是要去面对不得不从头开始、不得不从梯子底部重新开始的羞耻感。自恋状态的一个特点是这个人已经被捧进、包到成年的外壳里，而被憎恨的孩童状态被猛烈地拒绝了。自恋保护个体不去感觉自己是个孩子，甚至保护自己不成为一个孩子，但是一个人的生命史中没有什么是可以被删去的。它都在个体里面：胎儿期、婴儿期、童年期、青春期、成年早期以及成年中期，等等。自恋是快速确定：我相信我是成年人；我相信我是成熟的已婚男人。在自恋状态中，所有让我的自我意象不愉快的事物都被我抛弃。我可以以一种孩子气的方式蔑视我的同事，我可以去除我的婴儿化的部分，通过把它推到别的地方——我的身体，我的心智的其他部分，或者其他人——在这个过程中，我建设了一种与我所做的相一致的世界观。我会发展出与我所做的相谐的哲学观。事实上，我的世界观总是与我所做的相一致。而在自恋的逆转中，所有的这一切都受到威胁。在这之下是偏执，自恋只是一个掩盖的壳。我还没有达到抑郁位点，但是我不知道。

尽管这些因素在劝服我们不要放弃自恋的方向，但它们还不是事情的核心。它们是方向改变的继发的结果，而不是威胁本身。

自恋：一个新理论

塑造自己的现实的重要一步

在自恋状态中，个体的意图中心的活动是被窒息的。个体偷盗了其他人的想法，进入其他人的情感方向中并用了一系列的策略，但在根本上，是他们在做着所做的事情，个体还是处在被动之中，而没有迈出走向未知的那一步。卡西乌斯不敢跨过那条河流。我认识一些很聪明的人，他们处在学术之树的顶端，对自己研究领域的细节知识如数家珍，但却在根本上穿着其他人的外衣。去塑造一些属于自己的东西，因此也是独一无二的，这一步被强有力地抵制着。而恰恰是通过这一步个体开始拥有*生命给予者*。当一个人开始了这一步，它带来了与被动接受的知识截然不同的知识。

我曾经碰到一个人，他骑着骆驼从肯尼亚中部跋涉到了鲁道夫湖，并写了一本关于这段旅程的书。尽管我读了这本书，我永远不会如作者所知道的那样知道这究竟是怎样的一段旅程。他以难以置信的方式知道它，因为他做了这件事。我不曾骑过骆驼，而且我从未拜访过非洲的那些地方。如果我从巴瑟斯特（冈比亚首都班珠尔）骑着骆驼到卡尔古力（西澳），那我会对此有些了解，但那是因为我自己有了与之类似的经历。

我认为，自己来做、塑造一个新的现实以带来新的知识，是打破阻抗的钥匙。在觉醒中，新知识带来了令人不舒服的景象。

我有一个朋友告诉我,他曾经认为他爸爸很没用,他的心智的一部分认为,他爸爸把他妈妈的生活弄得很悲惨。然后,有一天,在他爸爸死后,他拜访了他们的家庭律师。家庭律师告诉他,"你知道,你爸爸是一个很会照顾人的男人。你对他的感知相当错误。"这对我的朋友来说是个剧烈的打击。很明显那个律师在一个恰当的时机说了这件事,而使我朋友看事情的整个方式开始瓦解。也许你会说,他从自恋的壳中被拉了出来。他得重新评估他妈妈对爸爸的陈述,问自己为何那么愿意麻醉在妈妈的言辞中,然后他开始对他曾经对待父亲的方式感到害怕。在根本上,他没有与他人——与他父亲,如父亲所是的那样,真正接触过。

还需要考虑其他的事情:不去改变是恶毒的。良知敲打着我们的心门。治疗师和分析师不去帮助病人改变的话是极其恶劣的。自恋的核心是去与情境"相谐",我们自己的自恋会诱惑我们去做这个。与之相背,去靠近疯狂、靠近暴力、靠近死亡,是让人非常恐怖的。

改变我们生命的情感事实

回到主要的观点上:当我们开始去做、去创造时,自恋情境开始逆转。那些受梅兰妮·克莱因影响的分析师用死亡驱力这个概念。我认为这个概念结构是错误的,但我的确也认为,人格中有一股强大的力量在对抗着个人创造的建立,而这在临床实践中得到了很好的验证。

　　神奇的是，改变生命的情感事实是可能的。我们的生命并非凝固不变，但自恋的声音总是告诉我们是这样的。我们的心智会改变，而随着心智的改变，我们的个人世界也会改变。它会根本性地发生变化。一个改变的心智改变了我们生命的情感事件——过去、现在和未来。因为我们是通过特定的心智与过往相联系的。一个在本质上怠惰、吞入了所羡慕的他人的观念，并把自己导入所羡慕的他人或思想系统中的情感态度的心智，与一个源于自己的内在资源所塑造的心智是非常不一样的。

　　Bernard Berenson，一个美裔立陶宛艺术评论家，他说从希腊-罗马时代古老的绘画艺术衰落后，所有的画家都只是插图画家、复制者，直到文艺复兴时期。在那个时代之后，艺术家们一个接一个地处在奴隶般遵从的束缚下，直到乔托。他与一千年来的祖先们一样，有着同样的宗教主题，但他从自己的灵魂出发，塑造了一个新的现实。所以，Berenson 说，破釜沉舟后，插图就上升成为艺术。此刻我用艺术的故事来作为我想传达的意思的象征。

无意识的决定

　　我现在想要发出点警示。大家很容易接受我所说的并把它浪漫化。个人塑造的关键时刻是发生在内心深处的某种东西，是无意识层面的，但是我们看到了它的产品。一旦你把它浪漫化了，

第八章　逆转自恋

你就失去了它的真实。

为了阐明我所要讲的东西，我讲一个故事。我曾经认识一个从药物成瘾、酒精依赖和监狱惯犯中康复过来的人。他曾经完全陷入深渊。我们知道，处于这番境地的大部分人是无法康复的，但是还是有一小部分人康复了。我对这一小部分人很感兴趣。这个人有妻子和两个小孩。他住在伦敦郊区，是个新闻记者。我问他，导致他的转变的事件是什么。有两个重大事件，我在此要提的是其中一个。那时他在伦敦北部的一个老式的很大的精神病医院住院。他住院是因为酗酒，而病房有个规定，如果有人外出饮酒，那他们就不会再重新被接纳住院。所以他外出饮酒去了，回来的时候，手里拿着一瓶葡萄酒，坐在医院庭院的长椅上。他老婆把他赶出来了，因此他不能回家；医院的规则不允许他回到病房，而外面下着倾盆大雨。他对自己说，"有两件事情我可以做：要么走并把这瓶酒扔向病房窗户；要么我杀死自己。"然后天晴了一小会儿，而这个想法从他内在不期而至地升起："或者我可以决定让自己好起来。"他说那一刻标志着他返回精神健康的开始。

这个事件充分表明了心理治疗师脑子里需要有的许多重要特征，但是对于那个时刻，我只想聚焦于一个因素。他所浮现的那个想法——"或者我可以决定让自己好起来"——已经是某种东西的产品，尽管它让人觉得像是突然出现的。它是有个前传的，其中的一个因素是想好起来的强大欲望。这意味着他认识并承认：一切都不对劲。作为旁观者，我们会说这是很显然的嘛，但对别人很显然的事情对当事人常常不是显然的。

那个想法，"我可以决定让自己好起来，"是一个决定的结果，但决定本身的发生在意识之外。做决定的过程被无意识遮盖，而这是人格中的自恋暗流所要求的。如果自恋在人格中弥漫，其中的一个问题是好东西和坏东西一样被扼杀了，这是后话了。事实是决定的实际过程似乎总是不被知道的，只有它的认知结果浮现出来。

在那之前，为了不再饮酒，他常常对自己说，"我不会再喝了，我不会再喝了。"但很显然这是无效的。这些压根就不是决定。无论他在雨中坐在长椅上时在他身上发生了什么，最终的结果是那个决定——一个真正的决定。这是他选择*生命给予者*发生的时刻。

感受可以是错误的印象

还有另外一点同等重要。当这个朋友对自己说，"我可以决定让自己好起来"，这并不仅仅是他感受到的东西。它是一个思想——他知道有其他的选择。知识从行动中来，尽管行动在意识之外。在我读了我相识的人——骑着骆驼到鲁道夫湖的那个人——写的书后，我可以说，"我感觉好像我自己也进行了这场旅行。"但我自己没有这么做，所以我对此的知识缺乏他所拥有的知识的品质。我那个康复了的朋友的新旅程是基于知识，基于他所做的事情，基于内在的精神行动——一个不同的行动，但每一小步都如同那个骑着骆驼的人的旅程那样真实，如那个说他所

第八章　逆转自恋

要采取的情感行动就如同攀越珠穆朗玛峰那样伟大。带来知识的精神行动与把自己放在另外一个人的模式化意象中的行动是截然不同的。对于后者，我可以感觉我曾经到过鲁道夫湖，但是我没有。我可以感觉自己往前跳跃了一步，但是我没有。感受可以是错误的印象。

对幻想的意象和解决方案的绝望

现在有必要去注意逆转自恋的一些合理的因果关系。导致心灵改变的是内在的精神行动。诠释不会带来改变。诠释有可能会鼓励个体走向精神行动的那一刻，或者它是已经发生的精神行动的产物。意识到这一点极为重要。内在的精神行动是这个人单独做出的，是在他自己的自由中做出的。

什么样的条件会促使内在精神行动发生？在那个从酒精依赖中康复的男人身上，关键的一刻是他已经触底了。他被推出家门，也被医院病房拒绝。在倾盆大雨中他坐在长椅上，在这几近绝望的情境中，被拒绝但从未被完全杀死的*生命给予者*，开始复苏了。如果一个自封的好心人走了过来并试图去安慰他，那一刻就有可能被破坏掉了。

一个朋友曾经告诉我，他分析的转折点是有一天，他对分析师说，情况已经那么糟糕，因此只有变好的份了。分析师回答说，"或者情况可以变得更糟。"这种绝望的要点在于，它是对由自恋情境产生的幻想的意象和幻想的解决方案的绝望。

我曾经治疗过一个女孩，她的生活因严重的强迫性神经症而受损；这种限制使她的内在世界和外在生活都十分悲惨。有一天她回顾她过去的生活景象，撒播着生病的经历。我和她说，"也许这就是你的命。"我感觉这样说很可怕，因为她还很年轻，但我认为这对她来说是个转折点。我感觉如果不这样说的话会是个错误，一个保护她免于绝望的错误——对自恋性选择的绝望。

我的经历告诉我，分析师有必要无情地去掉自恋的人所包裹的虚假的安慰，同时用照顾和关注坚定地抱持他们。如果有一片刻的绝望是绝望于对所有的这些感官的色欲化，那么这个人就被迫地进入与内在客体的关系中。在绝望中，所有的这些虚假的意象和解决方案都被戳破。抵达一个人内在真正好的、自发的行动是绝对有必要的，而且我们对此要给予全部的支持。我们治疗师经常被一些虚假的好所蒙蔽，对此我很震惊。当善良只是在言语层面而不是在情感行动上时，它是虚假的。我们常常很难察觉到这种区别。

还有，为了让病人达到绝望的点，治疗师不能提供任何短暂的安慰。要避免额外地增加治疗时段、成瘾性的电话、给予建议、借书，以及无数其他的小"安慰"。还很重要的是，要去搞清楚要点是什么。当我对病人说了点什么时，我事后常常问自己，"那真的对事情有推进作用吗？"

第八章 逆转自恋

对技术的一些评论

我有意不过多谈论治疗技术。通常我喜欢摆出我的观点,然后让治疗师自己以他们觉得合适的方式去应用它们。无论如何,我想说说一种大量存在的镜映性回应。比如,一个病人进来说道,"今天我来了,可我感觉很糟糕,我其实并不想来。"然后治疗师回答,"我理解,你感觉挺沮丧的。"这其实什么也没有做。治疗师是有事情做的,而不是镜映。治疗师应该去想想病人为什么会沮丧,而不是喋喋不休地讲话。当我作为受训分析师时(我的第二个案例),我很有幸有机会这样去镜映病人,并得到这样的回答:病人对我说,"但我刚才这样说了。"对他来说很好,很少会有这么坦率的病人。

这种类型的镜映性回应是如此常见,我想一定是有专门的院校在教授它。当病人进来并说,"我今天不想来的。"治疗师不会知道他们为什么不想来,但他们可以思考而不是喋喋不休地讲话。在治疗中,疗愈的过程是由一个心智传递到另外一个心智,而言语是来回传递心理态度的媒介。当你说话的时候思考一下,问问你自己,"那是怎样的一种媒介?"

我们还需要避免另外一种常见的错误。病人对治疗师说,"我不敢这样说,因为我认为你会不同意。"在我的经验中,治疗师经常会这样回应,"我很好奇是什么让你觉得我会不同意。"这无异于在说,"别担心,我不会不同意。"病人的问题在于,如果有人不同意的话,他难以表达自己;而这样的回答是削弱性的。如果治疗师只是说,"别担心,我不会不同意",他并没有做什么来帮助病人解决问题。我想一个更为有用的回应是,"为什么我的不同意会阻止你说出来?"你可能会说,"我并没有不同意",你可能会觉知到,这是一个投射,对病人而言,不同意的这个障碍,正是他们要跨过的卢比肯河。如果治疗师说,"我很好奇为何你认为我会不同意",病人接着会想,"多好的人啊!现在我要讲那些令人不快的事情了。"这样病人和治疗师搞在了一起,但无法解决病人与其他不同意他的人的关系问题。

在这两个例子中,特别是第二个例子,治疗师与自恋的暗流共谋了,而不是提供一个辅助病人采取创造性步骤并敢于去做的环境。

以我之前所提的要点来结束——你可以创造一个环境来使得病人更有可能走出创造性的一步,但你无法"让"他走出那一步,这种精神行动必须从内部产生。我认为,那个康复的酒精依赖男子展示了非常英勇的品质。我们不能责备一个人不是英雄,但是当一个人选择走上这一条艰难的路时,我们也受其鼓舞。

第九章

这个理论与其他精神分析理论间的关系

现在我想对我所提出的这个理论与各种自恋的其他精神分析理论进行比较,特别是那些源于英国客体关系流派的理论——费尔贝恩、梅兰妮·克莱因、温尼科特、弗朗西斯·塔斯廷,以及海因兹·科胡特——主要并不是因为他们专门谈论了自恋,尽管他们的确这样做了,而是因为人们在自恋这个问题上所用的方法通常都会与这些理论中的某一个相关。

费尔贝恩的自恋理论

费尔贝恩极少用"自恋"这个术语,因为他在临床上的关注聚焦于他称为"分裂样的状态"。他认为,在这种状态下,自我退缩到自身而不与外界接触。他所有理论的基石在于力比多是寻求客体的。弗洛伊德说力比多是能量,一份驱力,通过其中的一个性敏感区域寻求释放。然而,费尔贝恩认为,性敏感区域仅仅是力比多投注的入口,其目的是为了成功地与客体建立联系。因此,在他手上，力比多获得了不同的意义。而我认为，对于他所要描述的内容，力比多是个错误的术语。

　　从主观上来看，费尔贝恩认为，每个人都在寻求与他人的情感联结，这是人类心灵的最深沉的渴望。找到与他人的情感联结正是赋予生活以意义的方式。这与弗洛伊德的模式不同，因为对弗洛伊德来说是性驱力的东西，对费尔贝恩而言成了情感渴望。弗洛伊德对驱力的目标和客体进行了区分，费尔贝恩保持了这一点，尽管对他来说，客体即是驱力的目标，而性敏感区域是它达成的方式。弗洛伊德则是相反的：客体只是带来张力释放的途径。弗洛伊德的理论无法区分手淫、同性恋、异性恋、随意的性爱或者更深沉持久的性爱。当然，弗洛伊德的确做了区分，但并不是根据理论。他的理论无法支持他的临床发现。Geoge Klein 在他的书《精神分析理论》（1979）中，对弗洛伊德的元心理学理论和其临床理论进行了区分（在这里我指的是弗洛伊德的元心理学理论）。

　　费尔贝恩说，当客体不可及时，婴儿转向内在并提供了它自己的客体。婴儿转向了这个内在的客体，而这总是伴随着身体的满足。这种朝内的方向是他所称的分裂样个体的典型位置。这种转离外在客体并让自体成为带来满足的客体，正是我所描述的自恋——把自体作为一个感官的客体。然而，在费尔贝恩的理论中，一点也没有提及*生命给予者*——那没有被选择的——因为在其理论中没有力比多选择的概念。

　　在弗洛伊德的追随者中，费尔贝恩是唯一一个抛弃了弗洛伊

第九章　这个理论与其他精神分析理论间的关系

德的结构模型的人：自我、超我和本我。他的理论中没有本我，只有自我和客体，以及自我中被分裂出去的部分。我认为，即便临床医师坚持了弗洛伊德结构理论中的本我，他们实际操作的基础也不是这个，而是以此为基础：如果一个人陷入僵局，它是源于自我中被分裂出去的部分。即便是费尔贝恩的追随者也没有真的承认这个事实：他抛弃了弗洛伊德的理论。

费尔贝恩所指的分裂样状态的出现在于，妈妈退缩了，使其在情感上对婴儿是不可及的。这个解释是决定论性的：如果 A，那么结果就是 B。如果你有一个情感退缩的妈妈，那么这就是结果。两者间没有链接。

英国客体关系学派，无论他们是费尔贝恩还是梅兰妮·克莱因（与安娜·弗洛伊德和自我心理学家相对立）的追随者，总是坚持认为从出生伊始就有自我，而自我意味着与事件的有意图的联系。安娜·弗洛伊德、海因兹·哈特曼以及在美国的很多精神分析师都不同意这一观点，因为他们执守着弗洛伊德的驱力理论和恒常性理论——即有机体的基本动机原则是获得平衡状态。

费尔贝恩根本性地重铸了弗洛伊德和亚伯拉罕的发展理论，尽管他保留了力比多的概念，而此概念在本质上与恒常性理论联系在一起，或者是之后被称为稳态理论的理论。但是对于力比多，他清晰地表明力比多是某种更接近于欲望或者可能是长久的渴望的东西。很难去想一个像"欲望"一样的术语而不去考虑它的对立面——"拒绝"。当费尔贝恩谈论"反力比多自我"时，他很接近这一点了。

自恋：一个新理论

费尔贝恩为什么保留"力比多"这个术语，我认为这是个很值得询问的问题。唯一看起来有道理的答案似乎是，每一个带来前进的伟大的思想者这样做的时候都是在一个框架内，有些支柱是他们无法放弃的。我认为费尔贝恩是弗洛伊德之后（也许比昂是个例外）最伟大的思想者，因为他真的想出了他所采取的每一个步骤的结果。当弗洛伊德碰到新的临床问题的时候，他会整个地抛弃他之前的理论；大部分的临床医师，即便是有相当洞察力的人，都不会这么做。当他们有临床洞见的时候，他们只是简单地把它粘贴在已经存在的理论上。比如说，梅兰妮·克莱因，只是把偏执-分裂和抑郁位点粘贴到旧有的理论上。温尼科特在真实和假自体上也做了同样的事情：他没有问自己，这个理论如何与自我和本我匹配。

术语"力比多"是弗洛伊德物理主义元心理学的一部分，费尔贝恩放弃了它，他的理论并不需要它，这反而使他的理论更有意义。我认为意图性与客体关系理论是无法分离的。如果我们拿出机械性的术语"力比多"并用"欲望"来代替它，那它就必须与主体和客体依附在一起。事实上，当费尔贝恩在考虑弗洛伊德的心理性欲发展阶段时——他真的说过口欲阶段应该被称为乳房阶段，但他没有走出最后一步。如果其表述是这样的，"我想要乳房"，这个意图性的陈述就变得清晰起来了，而产生相对立的陈述也就有可能了："我不想要乳房。"

费尔贝恩说，情感不可及的妈妈带来了真空，自我从真空中撤离并转向内在客体，而这个客体有双重面向。自我黏附于这个

第九章 这个理论与其他精神分析理论间的关系

内在的坏客体，同时通过把身体的一部分作为性欲的客体来安抚自己。后者就是手淫的客体。它可以是被吮吸的拇指，被摩擦的阴茎，被抚弄的阴蒂，被刺激的肛门括约肌。这些活动的任何一个都可以老练地自己来做，或者是另外一个人被引诱着为了这个人而去做这件事。对于后面这种情况，这个外部的代理者被抓取成了手淫的代理者。这些手淫活动本质上是对内在客体黏附的陪伴；坏的内在客体需要它。那个坏的退缩的妈妈被内射，这种内在的坏的感觉是如此令人难以忍受，因此需要寻找一些补偿性的行动来让个体感觉好一点。这份陪伴的本质现在需要进一步的探索。

我的理论比费尔贝恩的走得远一些，根据我的理论，手淫活动不需要只是对性敏感区域的直接刺激；它可以是源于性感区的活动，而这些活动与性欲活动有着象征性的联系。因此排泄大便的愉悦可以通过把垃圾清除出房子来象征性地重新体验。以一种类似的方式，通过从心智中排除某些特定的内容也可以获得愉悦，而这些内容可以包括一个人或者一些人。伴随着这些手淫活动，外界的人可以用来加以适配，从在手淫行动中如何对待这个人来获得愉悦。保留大便所获得的愉悦，可以在对别人保留信息中象征性地被重新体验；而腹泻的快乐通过把话倒出来给别人象征性地被重新体验。后者还与口欲期的愉悦联系在一起。这个联系是通过两性融合得以发生，两性融合是统一的愉悦中心。把自体给色欲化，是召唤深深处在自恋性选择统治压力下的个体的动机的必要途径，我的这一观点把费尔贝恩的理论往前推了一步。

费尔贝恩还指出了另外一个非常重要的点。他说情感不可及的妈妈同时会让人在性欲上很兴奋。情感支持的缺乏使得客体心醉神迷。在此基础上他解释了乱伦的案例，乱伦的出现常常是为了填补空洞——缺乏情感满足的空洞。

费尔贝恩对分裂样个体的现象性描述与我所建议的模型密切吻合。个体离开外在的世界并把其自体当作客体。费尔贝恩认为，心理治疗师的工作是去打碎这个内在的壁垒，把病人带出这个转向内在的状态，并与外部世界的客体建立联结。

梅兰妮·克莱因的自恋理论

同费尔贝恩一样，梅兰妮·克莱因认为，个体从出生伊始就与客体相联系；但是，与费尔贝恩不同的是，她并没有抛弃弗洛伊德和亚伯拉罕的力比多理论。她维持了弗洛伊德的本能理论，但她自己的临床理论是基于坚定的信念，即出生时就有自我存在。（如我早些时候提及的，除了费尔贝恩，这些精神分析师的临床理论只有极少完全与他们的元理论紧密联系。）

梅兰妮·克莱因断定，婴儿的核心问题源于被灭绝的恐惧，而这种恐惧来源于婴儿内在她所称的"死本能"。费尔贝恩说拥有情感不可及的妈妈的婴儿的焦虑源于婴儿内化了坏的东西；而梅兰妮·克莱因则认为，焦虑源于婴儿内心存在的死本能——一种先天的构成素质。

第九章 这个理论与其他精神分析理论间的关系

梅兰妮·克莱因的第三个理论支柱是，原始的有机体受到两个活动的统治：把内在内容排出到外面（她称之为"投射"），以及把外在的东西吸收进来（"内射"）。有机体可以被描述为这两个活动之间的推拉。完全被这种内在焦虑占据的个体处在自恋的位置上，没有可用的能量来适当地和自体以及外界进行联结。

在我对自恋位置的描述中，我说其根本性的态度是对*生命给予者*的拒绝。费尔贝恩把其注意力集中在自我转向的内在客体上，而梅兰妮·克莱因则是集中在内在运作的破坏性活动，导致了个体把所害怕的冲动投射到外界，使得外界的客体很恐怖——换言之，是一种病态性恐惧的冲动。弗洛伊德首先谈到了病态性恐惧的冲动，在此冲动中，个体把内在客体投射到了外部世界，因此这个人对外界的客体很恐惧。最典型的案例是，外界的人物被感受为其内在对这个人怀有灭绝的敌意，这份巨大的恐惧被投注在外在客体上。费尔贝恩说，个体只是躲开了这些外界的人物，梅兰妮·克莱因关注于个体对这些人物做了些什么。她说，这些外在的人物远远不是被忽视或者被弃绝，他们被残酷地侵略、攻击、抢劫等。

费尔贝恩和梅兰妮·克莱因都认为，存在着对如其所是的外界人物的一种心理上的弃绝。费尔贝恩认为，这个弃绝的出现是因为，外界人物是坏的（比如说，情感退缩的妈妈），而梅兰妮·克莱因强调的是婴儿把他们变成坏的的方式。

精神分析关于自恋的文献很好地描述了自恋的人会出现的恶性结果。梅兰妮·克莱因对个体把所憎恨的自体的部分带着巨大威力地投射到他人身上的方式的描述，并不是特定地与她的自恋理论联结在一起，但是这些活动是在自恋位置上的人的一部分。不是那么直接和清晰的是，为何当存在着对他人的心理上的弃绝时，这些过程总是存在着。为了回答这一点，我们需要考虑几件事。

费尔贝恩说尽管个体想完全地弃绝来自外界的人物，但他是无法这样做的。为了存活下来，婴儿与外界人物相联结（比昂强调了这一点），因此无法完全地放弃乳房或者妈妈，但是她们会被憎恨。这是看待这一点的一种方式。根据费尔贝恩，另外一种方式是，处于自恋位置的个体已经转向了内在，转向了坏的、不真实的内在人物。因此所做的所有努力都是要使外在客体符合这些内在的意象，他们被操纵着这样去做。当外在的客体抗拒这种强有力的投射的压力时，个体就爆发了暴怒。

然而这依然没有完全回答问题，或者只是适当地处理了问题。人们的确会以梅兰妮·克莱因所描述的方式侵犯、抢劫和掠夺，这是一个事实。在小孩的幻想生活中，有着这方面的大量的证据，而在人类历史上曾经出现的残暴行径中这也得到了验证。然而，这种暴力到目前为止并没有被完全解释。我们需要回到根本的命题上来获得对它的更全面的理解。

我确信，梅兰妮·克莱因强调这个是对的——通过被投射，外界的客体被扭曲；通过外界的客体被引入内在引起内在的破坏，内部的客体被扭曲。我想她把注意力拉向自我的活动，如分裂、投射等，这也是正确的。在她看来，自我是活动的源泉，但是她固着于弗洛伊德的本能理论，因此固着于死本能的观点；她

第九章　这个理论与其他精神分析理论间的关系

认为死本能——灭绝的源泉——是焦虑的基础。尽管她断定有着活跃的自我，但其主要活动是防御自己免于内在破坏性本能的威胁。还有，她认为自我在修复上很活跃，而不是在新的创造性的塑造上。

我与费尔贝恩对梅兰妮·克莱因的批评一样。根据克莱因的观点，从出生伊始就有自我，而且自我从出生时就是客体联结性的，维持恒常理论、本能理论，以及通常所理解的本我的概念是不合逻辑的。梅兰妮·克莱因认为出于内疚——在觉知阈值之下的深深的内疚，自我分裂、结合、投射和内射。这与我所提出的对*生命给予者*的拒绝和否定非常吻合。然而，她接着介绍了因为死亡本能的存在所带来的灭绝的内在威胁这个观点，我认为没有必要。我们在自己身上、在我们的病人身上、在社会上遇见巨大的破坏性，这是一个显然的事实，无须证据。在我看来，内疚本身就令人满意地解释了她所提出的情感暴力。我相信她维持死本能的概念，以保持对弗洛伊德本能理论的忠诚，但这只是使得她原本清晰的表述变得令人困惑。

我想在此做一简短的评论。如果我从两个矛盾的位置来工作——认同了那个给了我特别的理论的人物，并做了些与此理论矛盾的事——这意味着我是分裂的，而当这样的分裂在运作的时候，真正的个人信念是不可能的。在任何一种形式的心理治疗或精神分析中，对治疗师或分析师而言，从心里说出自己想说的话极为重要。从个人信念中讲出的话与只是端出老师、督导或弗洛伊德的诠释相当不同，在治疗中这种不同变得很明显。

自恋：一个新理论

温尼科特思考的自恋

温尼科特最终对自恋所做的陈述在某些方面与费尔贝恩类似。对温尼科特而言，真实的自体退缩在虚假的表面的后面。这与费尔贝恩的理念：真实的自体并不与外界的人物进行接触是类似的。由于妈妈不能够恰当地适应她的孩子——通常是抑郁的结果——这样孩子的自体退缩到内在。费尔贝恩说这种退缩的发生是因为婴儿遭遇了妈妈内心的情感空洞。温尼科特的理论，就像费尔贝恩一样，妈妈没有给予来自婴儿的有意图的回应以空间。

还有另外的一种方式来概念化假自体的来源。如果我们返回我的假设：个体从内在和外在转离了他人，而且这是一个内疚的行动，那所呈现出的自体就不得不是一个假象。这个"表面"与妈妈对婴儿的行为、与婴儿对此的主观体验相切断。比如说，玛丽对她在职业生活和社交生活中碰到的所有人都特别地友好谦恭。然而，这是个表象。在一个聚会上，她可能会对一个自我满足的中年男人极为礼貌，而在内心，她认为这个男人是个傻瓜，而且想躲开他。然而，她一点也没有表现出这一点。事实上，她内在蔑视其他人。所以在她的心智和她的外在行为中存在着分裂：她呈现出来的是假自体。在内在，她弃绝了其他人的存在，可是在外在，她假装得极有礼貌。她在哪里获得这件她如此小心翼翼地穿着的礼貌的外衣？玛丽经常会讲到她妈妈，她总是那么

第九章 这个理论与其他精神分析理论间的关系

有礼貌,但是玛丽感到被她背叛了。当她还是个四岁的孩子的时候,妈妈抛弃了她去拥抱一个新的人生。玛丽的反应是弃绝其他人,并转向感官性的自体来获得安慰,她创造了一个幻想性的愿望达成。但是她接着戴上了妈妈礼貌的面具。为什么?

她寻求了虚假表面的模式,并选择了妈妈的模式,但是她一样可以选择爸爸的模式,或者是两者模式的结合。她须得选择一种模式,而所选择的是最近的一种模式。当有人做了自恋的选择,其特点在于他们选择了最容易的解决方案。会让人陷入挣扎的解决方案是永远不会被选择的。

戴上妈妈礼貌的面具还带来了愉悦感。"我内在会转离她,但我会假装就像她那样,这样她就不能抱怨了。我会一直让她感到受挫,我会把礼貌做到完美的极致。这给我带来一种内在的胜利感。"这是对妈妈的一种报复。然而,当它满足了诡计和欺骗的欲望时,内在情感性的孩子遭受了严重的挫折。

温尼科特的解释是:因为抑郁的妈妈,婴儿只好退缩到内在。这个解释遗漏了意图性这一步。再一次,这个理论背后存在的问题是弗洛伊德的决定论模式——我们被本能驱动的观点。温尼科特的理论没有恰当地对本能的转化做出解释。考虑一下,我们人类是如何慢慢进化,最终成为像猿一样的生物的。如果你回到四十万年前,没有任何形式的葬礼仪式的迹象。人死了,就像动物死了一样。然而,大约在十万年前,人们开始埋葬那些死去的人。这些发现已经相当多地被记载,但是我不确定它们的意义,当然是关于精神分析理论是如何理解的。对我来说,他们显示人类并不只是被本能驱动,人是行动的源泉。它显示本能会进行转化。

我并不想进一步深入探讨意图性的恰当本质,但要强调正是一个有意图的认同使个体戴上了假自体。温尼科特在他对自恋的源起的描述中遗漏了意图性这个方面。

Frances Tustin 的自恋理论

Frances Tustin 关注的焦点是儿童的孤独症状态,她在对孤独症的心理治疗中取得了非凡的成功。我将简述一下她的观点。

作为一个儿童心理治疗师,她碰到了一些严重的孤独症儿童病人——他们切断了与家庭成员的情感联系,因此成了这些人巨大的压力源泉。Tustin 得出了这个结论:这些孩子所建立的内在防御堡垒后面隐藏着精神病性的抑郁。这种抑郁——John,她早期的一个病人说,"一个黑洞"——是儿童创伤性地与妈妈切断关系所带来的,这种切断出现在孩子心理上对此做好准备之前。与妈妈的切断被体验为对自体的粉碎,因为在这个发展阶段,妈妈还没有被孩子体验为一个分离的实体。另外的一种表述方式是,精神病性的抑郁产生于未曾被哀悼的可怕的丧失之前。

围绕着这个黑洞,这些孩子竖立起了一个堡垒,这个堡垒几乎完全把他们从任何形式的情感接触中切断。Tustin 发现通过根据这些根本性的理解所进行的诠释,她能够与这些孩子进行接触。除了诠释,她发现很有必要保持一个有规律时间的稳定的治

第九章 这个理论与其他精神分析理论间的关系

疗框架,而且她也小心地不去纵容这些孩子。尽管孩子会努力试图让她放弃这种模式,但她坚持了它。她发现,维持在这些孩子身上所带出来的情感的坚定性——也许我们可以称这种情感坚定性为内在的心灵肌肉,这使得他们开始能够放弃那个防御的壁垒——换言之,有充足的内在肌肉,他们就不需要去维持外在的骨骼。然后他们就开始用内在的骨骼去代替外在的骨骼。

我认为 Tustin 的孤独症是描述自恋的极端形式的另外一种方法。考虑到这一点之后,我继续思考 Tustin 的技术如何以一种倒转的顺序,展示了自恋状态如何产生。

从发展的角度看,自我性欲产生于自恋发生前。这是弗洛伊德概念化它的方式。然而,这种表述的基础是,在发展的早期阶段没有自我;而由于自恋状态下,自我被当作性敏感区的客体,当没有自我的时候,它是不能存在的。因此,要找到一个术语去描述局限于有机体的性欲活动,这就是"自体性欲"。然而,客体关系学派的思考是,不可能只存在一个有机体,不可能只有驱力。从出生伊始就存在着作为主格的"我"。(我认为这个观点被最近的一些儿童研究得到了证实。)因此用自恋这个术语是有意义的。

Tustin 的表述是,太早侵害妈妈和孩子间的共生联结产生了孤独症。她没有思考这个问题:是否有任何的意图性进入了这个行动。内心有个孤独症区域的病人显然走了一条容易走出的路;他们没有抗争或者挣扎。他们走了胆小怯懦的妈妈的路。但是当 Tustin 以治疗师的形式给他们提供一个坚定强壮的妈妈时,病人有能力逆转这个情境。

Tustin 相信，正是这个原始的痛楚地离开母性的依靠，启动了孤独症状态。以理论的术语我提出，正是这种痛楚折磨，这份原始的创伤，带来了转离的回应。对我而言，孤独症是自恋，这一点很明晰。

海因兹·科胡特的方法

当我在 Tavistock 诊所的时候，我比其他分析师更加强有力地批判梅兰妮·克莱因，只是为了挑战人们去思考；因为同样的理由，在此我也会对海因兹·科胡特加以批判，因为我发现在一些圈子里，存在毫无疑问地接受他的理论的倾向。

现在我极为简化地陈述一下科胡特的理论：他说我们通过自体客体的支持维持自体的凝聚力、活力和力量。自体客体是那些与我们保持着协调一致、共情关系存在的人物。童年期这种关系的失败是所有病理心理的根源。治疗师的任务是去与病人创造共情性的关系，然后病人内化了这样的自体客体关系。因此科胡特认为治疗是一种矫正性的情感体验。在他的书《精神分析如何治愈》（1984）中，他给出了下面的成熟的自体客体关系的例子：朋友无言地把双臂环绕其肩膀时提高了获得安心、保证的能力；当聆听音乐时能够感受到力量和被提升；有能力愉悦地去展现自己的创造性作品，以获得回应性的自体客体的赞赏的能力。

第九章　这个理论与其他精神分析理论间的关系

心理的成熟

因此，科胡特对成熟的依赖的定义是，有能力去享受来自他人的鼓励和赞同。当一个人没有能力去接受来自他人的鼓励时，存在着什么样的问题呢？我们很清楚一个浸泡于负性中的人，会很快地去反对来自朋友的赞美或者来自他人的赞同。去克服这一点并能够接受赞美或赞同，很明显这是心理和情感上的进步。然而，我不会通过有能力去接受这样的鼓励来定义成熟，而是通过内在带来这种能力的行动来定义成熟。这也许是显然的，而且科胡特在他的著作中也间接地表达了这一点，但他没有陈述它。对我来说，这是一个重要的区别。

科胡特的重点在于我们去接受社会奖赏的能力，但他没有区分一个仅仅旨在获得这些奖赏的行为和一种爱、分享或给予的行为的区别，而这个行为会或不会带来称赞。因此他并没有区分自恋和客体爱。这与他的观点一致：精神分析的目标是转化了的自恋，对此他是这样定义的："病人重新分配自恋力比多，并把原始的心理结构整合为成熟的人格。"但是重新分配并不是转化。

我认为科胡特的理论有着大量的混淆。尽管他所开创的理论与海因兹·哈特曼的自我心理学相对立，他的自体心理学却是建立在哈特曼的力比多理论之上。比如说，自恋力比多到底意味着什么？在科胡特的建构中，它没有一个主体性的来源。因此它成为需要被重新分配的东西。他还是根植于哈特曼的驱力理论。如果你开始去揭开所有的这些，我保证你最后会困惑不解。

另外一点：以这样的方式来定义成熟，意味着那些处于极端的生活情境下——被剥夺了称赞和安慰的人则不可能成熟。他的定义不恰当，而且没有承认英雄般英勇的行动。

内化的机制

科胡特说，心理健康的产生来自内化共情性的自体客体。这是如何发生的，它又是通过什么样的行为发生的？科胡特说当协调一致的自体客体缺失时，没有内化发生。为何没有内化发生，谁来决定它不会发生？如果它是本能性的，是什么样的本能决定了它？是自动地吸收好的并拒绝坏的的本能吗？他没有恰当的理论来解释内化。他没有给予内在的决定因素位置。他断言一个人的心理病理是由于不协调一致的自体客体，因此所有的坏的都在外面，我们有了一个带着偏执性基础的理论。

自体客体内化的水平

科胡特说内化的失败导致了内在的空虚。在后期生活中——比如说，在治疗中——对共情性自体客体的内化，建立了人格的

第九章　这个理论与其他精神分析理论间的关系

安全基础。然而，科胡特的理论需要我们生活在被镜映性和理想化自体客体包围的环境中，以维持自体的凝聚感。他的著作让人毫无疑问地觉得，他并不是意味着内在拥有好的客体，而是自体需要这些外在的镜映和理想化的联结。需要这些意味着内在的拥有并不深沉。

我的临床经验告诉我，当一个人需要这些外在的镜映、理想化和鼓励时，这是因为坏的经验，或者以费尔贝恩的术语，内在的坏的客体。我不情愿地达成了这个结论：科胡特似乎并没有意识到这一点，因为他对自恋的定义缺乏这个内在的负性的批评者。我认为，这是最近的一些文献中对消极的自恋和积极的自恋进行区分的原因之一。如我之前所说，我认为它们从来没有彼此分离地存在过。

自恋的意义

科胡特把自恋定义为客体被爱、被融合、被理想化的状态。通过力比多的重新分配，我们开始依恋于这些理想和价值，而不是我们自己古老原始的自体。他没有考虑到，这个理论适合这样的个体：他们通过外在理想化的客体逃离了坏的内在的消极性。我讨论了安娜把伏伦斯基当作一个理想化的客体，而当理想化破灭的时候，她处在憎恨和一心热望的报复中。伏伦斯基开始对她变坏的时候，她把憎恨投向了自己，那个内在的暗杀者。

有没有证据显示，科胡特自己需要一个理想化的外在客体？在一篇名为《回忆往事》的文章中（1990），精神分析师 William Gillespie 说：

在核心执行会议上，我常常和海因兹·科胡特进行友好的交谈；他很享受用德语来交流。他提前送了我一本他的书《对自体的分析》，我带着很大的兴趣来阅读——我猜想 Kuhn 把这称为一个新的范式。两年后，在1973年的巴黎会议上，他为此组织了一个"工作聚会"。他对此的组织，没有给任何人留下发言的空间，只有他自己在讲话。而他主要的支持者 Ornstein 事后询问我对此的评论时，我进行了批评，毫无疑问这是他们没有预料到的；这导致了我们友谊的结束，因为我显然致命地伤害了他的自恋。

过多地以此证据为基础是不公平的，但这样的事件——Gillespie 所写的这件事，表明是存在着令人难以忍受的坏的批评性的内在客体的，而这个客体一定是个体拒绝接受的。我说这一点是想提示，他对自恋的现象学描述遗漏了一个关键的要素：一直伴随着它的严厉的批判性的内在客体。

矫正性的情感体验

科胡特认为，治疗师提供的情感体验可以补偿或者矫正在童年期缺失的自体客体的协调一致。我认为，是病人的内在行动矫正了这种体验。治疗师的工作是去理解和阐明内在世界的暗流，是在这种体验的光芒下病人通过内在的心理行动矫正了过往的体验。弗洛伊德说，分析师进行分析，但是合成的功能，部分被整合在一起的功能，是由病人提供的。在《精神分析治疗的发展》（1919a[1918]）中，他说：

……神经症病人呈现给我们的是被撕扯的心智，被阻抗所分割。当我们分析它并移除阻抗，它就成长在一起了；伟大的统合是自我适合它自己所有的本能冲动，而这些冲动之前被分裂并被从中剥离出去。通过分析性的治疗达成了心灵的合成，这是自动且不可避免的，不需要我们的干预。

对上述理论的回顾

粗略地说，我所提及的理论可以被分为创伤理论和恐惧理论。费尔贝恩、温尼科特、Tustin 和科胡特都发展了创伤理论。梅兰妮·克莱因和她的追随者发展了恐惧理论。在创伤理论中，有些真实的外在环境引起了自恋情境。在恐惧理论中，婴儿通过把焦虑情境投射到外界的客体上，从而逃离内在令人难以忍受的焦虑，接着也逃离了外在的客体。在这两个系列理论的追随者之间有着强烈的情感，就好像这种划分代表了强烈的焦虑。

我所称的恐惧理论几乎都是被克莱因学派的临床医师所环绕。克莱因学派的核心聚焦点是存在于人格内的强烈的焦虑。这种焦虑是一种灭绝性的恐惧，其源泉是内在的死本能。主体有能力把焦虑推开并把它放置在外界的客体上。通常外界的客体是环境中的人，但在更为极端的精神障碍状态中，焦虑可以被放在物质性的客体上。比如说，我曾经治疗过的一个老妇人，她认为她的会谈会被安在鞋底下的窃听器监听到；一个男病人认为他被自己的电话监视。在这样的情境下，病人感到被环境中的人、事、物所迫害或折磨。克莱因学派的诠释聚焦于自体的不同部分，而在交流的语言中，分析师把外界环境中的人、事、物理解为这些不同部分的自体的象征性行动。因此，当病人抱怨他的妈妈残忍地对待他的时候，很可能他会被理解为所指的是他人格中折磨他自我的部分，以及他无意识地对待他亲密环境中人物的方式。基于创伤理论的临床医师会认为，这个男人在讲述的是他妈妈真实对待他的方式，会去共情他。通过共情，病人感受到有人与他团结一致地反对妈妈，这一点因此得到了强化。基于创伤理论的临床医师把病人对妈妈的陈述当作真实的，而不是象征性的。因此病人找到了一个可以给予安慰的人物。

我认为，两个理论体系都存在空白。对于创伤理论，我的观点是，我们对生活中的创伤有着意图性的回应，即便是在婴儿期，而自恋性的回应是转离以及对特定选择的塑造。恐惧理论错在哪里呢？根据我的表述，在这个深刻的水平上是有选择的，*生命给予者*是内在和外在的客体。恐惧的原因并不是如梅兰妮·克莱因所描述的。坏的内在客体是通过基本的拒绝被塑造的，而不是通过内在存在着的死本能。

第十章
自恋对性格的影响

我说过好几次,我认为把自恋分成积极和消极是错误的。以我的经验,它们构成了一个整体。Kit Bollas 在他的书《命运之力》(1989) 中,把自恋分成了这两个类别,但他所归类的"反自恋",以我的观点看,是自恋的隐藏部分。

反自恋者反对他自己的命运。他把自己的真实自体排除在外,拒绝用客体来清晰地表达他自己的风格,这引起了我的特别关注。因为当他拒绝了他的命运,这个反详细表达(anti-elaborative) 的人在"自作自受",并顽固地拒绝滋养自己。他到分析师那里,也许正是想要打败分析的目标。

在表面上看来,似乎这个人有着对自己健康的爱,但 Bollas 发现这个健康的表象常常会带来危险的结果。他说道:

我感受到我们的命运休戚与共包括互惠的客体使用,这正是 Giovanni 在我身上所激发的因素,而他激发这种感受的目的是为了摧毁它。

关于他的妈妈，Giovanni 对 Ballas 说，"我是她的心爱之人，她认为我不会做任何错事。"当他谈及她以这种方式来爱他，即象征了他对自己的爱的实质。但 Bollas 说 Giovanni 把这种爱体验为一种拒绝，因为这种爱拒绝了他身上攻击"命运休戚与共感"的部分。他身上攻击相互关系、攻击和谐交流的部分被拒绝了。那个试图摧毁父母在一起的愤怒、嫉妒的小俄狄浦斯正是那个被拒绝的人。因此，妈妈的爱是个陷阱。这种类型的爱就像个死亡的迷咒，因为它不接受这个摧毁性的小孩。

我的经验是，对自体的理想化的爱总是伴随着这种内在的对相互滋养性关系的攻击。我的诠释是，这是对*生命给予者*的拒绝继发带来的结果。父母的彼此相关、在一起、性交是生命和发展潜力的源泉，而正是这些被拒绝了。内在的攻击者通常令人如此难以忍受，因此被投射到了外界，而在它的外界形式上，被体验为"令人恐惧的客体"。这并不总是明显的，因为这个人可能会对世界很友善，但总是有一个被他憎恨的人、一个被他憎恨的群体，或一个被他憎恨的理念。正是这个内在的摧毁者破坏了这个人的才能。Bollas 说：

以一种奇妙的方式，反自恋者忌妒他自己的能力。他憎恨自己的才华，因为正是这个因素剥夺了他对妈妈真正的依赖。(p.167)

Ballas 很清晰地记录了他的发现之旅，我认可他所写的人格的这一部分的相关论述，这个部分攻击了一个人最佳的能力。我还很清楚地知道为何他对此会很惊奇。然而，我相信，把它称之为反自恋是错误的——在自恋中，有理想化和诋毁的部分，而这两部分交织在一起——对*生命给予者*的拒绝是一种选择，包含在对自体的夸大的选择中，它们是相同的行动。

行动的领域

在整个过程中，我都对运动性的行动和情感性的行动进行了区分，或者是频繁谈及的幻想中的行动。不幸的是，当我们用"幻想"这个术语时，人们几乎总是认为我们在谈论一些不真实的东西，而幻想中的行动是真正的心灵活动。这一行动影响了心灵结构内部的心理和情感过程，它还影响了与这个人有紧密接触的人的心智中的相同心理情感过程。

无论如何，运动性的活动和心灵活动的区分并不是很正确。我们所关心的并不是运动性活动本身，而是这种行动的源泉——换句话说，是什么激发了这样的行动。所做出来的区分在两极之间：一个是我是自己的行动的源泉，我有来自我自己行动源泉的创造力，而另一个是反对我的内在形象，也是行动的源泉。

用一种简略的表达方式，我会把这些行动的源泉称为"自主的源泉"和"不和谐的源泉"。自主的源泉是选择*生命给予者*的程度，而不和谐的源泉是*生命给予者*被拒绝了。

因此，行动可以有一个自主的源泉或不和谐的源泉，尽管这个源泉并不是单纯地自主或单纯地不和谐。来自自主源泉的行动是创造性的，Graham Greene 在描述 Herbert Read 时就称其是创造性的。到目前为之，最重要的创造领域是在社会环境中；单纯的艺术创造只是对它的一种苍白的反映。从不和谐源泉中产生的行动会扼杀创造性。它在本质上是负性的。这样的行动控制了心灵的运作——感知、认知、记忆、判断和想象——它控制了与个体紧密联系的心理和情感运作过程。当这样的两个人结婚的时候，他们给彼此创造了地狱，因为他们扼杀了彼此的心理能力。

当我们说运动性的行动时，是指只是在自身内部进行考虑的行动，它与源泉相隔离，这种行动有合乎情理的可能性，但非真正的可能性。行动的效果取决于它的源泉。有时候一个很小的行动会引发暴怒。很频繁地，源于不和谐源泉的行动被否认了。"我只是打开了我的伞。"那个用伞打了女人眼睛的男人说。"只是"是一个了不起的屈服于外力的词语。想想你是多么经常地听到这个词。"只是"这个词意味着那是没有源泉的行动，但实际总是有个源泉的。病人离开咨询室，砰的一声把门关上，下次来时他说，"我只是想确保门关上了。""具体性（Concreteness）"是一个精神科术语，用于指与源泉分离的行动。当你与源泉分离，你就无法知道它。记住，自恋的人不会知道源泉；只要他不知道自己，他就会长久地活着。本质是失去联结。

在整个过程中我都在努力阐明，行动在心灵中发生，而且在觉知的阈值之下。这个不和谐的源泉与运动性的行动在源泉上失联。那些源于不和谐的源泉的行动可以从这当中获益：它们可以在对源泉的无知中向前航行。他们没有必要知道他们内在隐藏的叛逆者。然而，与此同时，他们因不和谐的源泉所带来的影响而受苦。他们心智的过程总是受到影响，并与行动的源泉割裂，因此，他们总是受害者。

还要考虑另外一个原则，当行动是源于不和谐的源泉时，人格的其他部分就从自主的源泉中被切断了。当人格成了不和谐的源泉的受害者时，主体感觉自己成为外在压力的受害者。下面的例子会澄清这一点。

花椰菜男人

我曾经治疗过一个男人，他频繁地在治疗要结束的时候大谈特谈，而我会让他超时间地谈一会儿。在一个特殊的时刻，我让他停下来，告诉他治疗结束了。他似乎不怎么在意。但是第二天的治疗，他迟到了十五分钟。他进来的时候解释说为什么会这样。他的妻子叫他在路上买花椰菜。他很顺从地到蔬菜水果店里去，但是不巧该店没有什么好的花椰菜。所以，他去了另外一个店，最终他买到了花椰菜。然而，去这个店对他来我这并不顺路。他接着告诉我他并不想去那条路上买花椰菜，因为他意识到这会让他迟到，但是他从汽车窗口看到水果店，于是在电光石火间做了个决定，要停下来买它。有什么东西击中了他。

我自己想，他在谈的是昨天治疗中我告诉他时间到了，他得停下来时，方向突然改变。我对他说，"当我昨天在治疗结束的时候要求你停下来，你在内心做了个电光石火的决定：要切断与Symington的关系，而这个'反－Symington'的人很乐意去配合妻子的要求，在去治疗的路上买花椰菜；当第一个果蔬店没有合意的菜时，你就更高兴了，这可以迫使你更加冷落怠慢Symington。"（我得说一下，他平时并不是那么听妻子话的。）

他接着说，"当你昨天结束治疗的时候，我对自己说，'老天啊，你是这么无情'；然后我感到没有希望。"

他证实这个诠释的方式很启迪人心。他突然想起来这样对自己说过，"老天啊，你是这么无情。"而在这样说的时候，有一个行动——他把自己给切断了。"我们现在必须停止谈话了"，我这样说的效果是把他给切断了。他感到受挫和受到伤害，他的回应是在内在切断——一个严重得多的切断。当他在内在把自己给切断时，他杀死了自己内在的某种东西。把与自体的色欲化联系起来，心灵上的杀死会带来兴奋并给出动机性的能量，但是自主的源泉感到没有希望。

我向他指出，他感到没有希望是因为他没有和我说，"老天啊，你是这么无情"。如果他这样做了，我会知道他是如何感受的；我会与他在一起。我会与他相谐一致。而与此相反，我所做的事情是做这个诠释，通过我的理解力来进行重塑，因为没有什么感觉是可及的——它们都被切断了。如果他第二天进来的时候说，"我迟到了，因为昨天你用那么血腥的方式结束了我们的治疗"，这样情况会很不一样，因为那样的话，他就是在与自己和与我进行交流。从治疗上说，病人建构了整个事情，这会是个相当棘手的问题。我曾经有过一些病人，他们并不只是带进来一个人，而是吸收了整个组织。他们的故事听起来很具体，然而有一种压倒一切的感觉就是：外在的环境被操纵了，以至于带来这些特定的事件。这个人事实上处于一种受害者的状态中。

  我的一个朋友问我，"你留意到这些如此这般的表现，会使得你在会谈中间让他停下来吗？"如果我只是依靠表象，我会这样回答，"不，他看起来还挺开心的。他看起来并不介意。"他所做的是把自己从他内在自主的源泉中切断。然而，那些不和谐的源泉是无法被接受的，因为它是如此残忍。人们用各种各样的方式处理心灵中难以忍受的事情，而在这个案例中，难以忍受的事情被推给了妻子，她做了个与内在自主源泉不相谐的要求，因为自主的源泉是想要按时来进行治疗。如果他把他对我的感受告诉我，这是来自他的自主的源泉，而当他妻子让他买花椰菜时，他会说，"好的，我会在回家的路上买。"是他的不和谐的源泉把他给切断，并给了他这样的言语，"老天啊，你是这么无情"。他把自己与给予生命的接触切断，随即这种切断使得他的感受不再是他内在事件状态的储存器。虚假的感觉成了真实的感觉的替代品。这是一个疏远了对自己的感觉和知识的男人。我们还看到他把这个杀手投射到他的妻子身上，她开创了反 Symington 的运动——尽管这当然不是反 Symington 的运动，而是反他自己的运动。所发生的是病理的源泉。

自恋是所有心理障碍的源泉

我所要做的这个大胆的主张是，这个通道，它被采取作为对痛苦的反应，是所有病理心理的源泉。自恋是所有心理障碍的源泉。当我以我的方式结束治疗时，病人受到了伤害。他的"恰当的爱"，他对自己的爱，他的色欲化的自体，受到了伤害。一旦这样的过程被启动，不和谐的源泉就开始攻击心理过程：感知、记忆、想象、思考、判断、良知、情感和感受。把他自己内在的这些过程切断后，病人对他为什么迟到的感知是错误的。

不和谐的源泉如何发挥作用？它会使得自主源泉瘫痪；它把感觉从真正的发生地剥离开，并把它们与恰好相反的东西联结在一起；它使得个体做出误判；它把智力与感受分裂，并使得推理受到不和谐的源泉的束缚——这个过程称之为合理化；它把一种心理格局从心灵内部驱逐到外在的人物上，因此使得心灵变得贫瘠；它把外在客体引爆到内在的心理格局上——病人的妻子成了他专横的女神。你可以看到，他所感受到的那个初始的行动是如何的具有毒害性，"老天啊，你是这么无情"，但他没有把这个说出来。

对这些过程的进一步的结果详加阐述，这一任务不亚于写一本详细的精神病学教科书。我只能给你一个印象性的概览，由不和谐的源泉所生发的行动带来的广泛的精神科状态的印象性的概览——这些行动模式是与对挫折和痛苦的反应相伴行的。这样的行动模式使得不和谐的源泉处在掌控的位置上，而其基础则是夸大性的自体——只要我能变得像耶稣一样无所不能，我就能把风暴平息下来，我能做任何事情。那夸大的形象有着神所具有的所有力量。

心灵的浩劫由不和谐的源泉所塑形

我现在要简单地谈谈由不和谐的源泉所造成的心灵浩劫。我先开始讲感知。比如说，我可能会认为，我妈妈嫉妒心很强，想占有我，我还会认为她对我的这种心态是从我很早年的时候就开始的。我会认为，她并不想让我发展成一个盛开、有创造性的成年人。我把此作为我目前倒霉的理由。这是一种偏执的观点，并不是因为我的妈妈其实并不是个嫉妒心强或占有欲强的人——也许她就是这样的人；也不是因为其实她并非不想让我发展成一个盛开、有创造性的成年人——也许她的确是这样。这是偏执的，因为我同意了她的愿望。这份同意，这个对*生命给予者*的拒绝，是一种内在的行动，使得感知变得虚假。它是我与其他客体的内在关系的错误感知。我的内在没有回应者。

有一次我到澳大利亚旅游，在飞机上我的邻座是个中年英国妇女。她有七个孩子，她给我讲了每个孩子的故事；飞行时间很长，所以她有足够的时间讲。她说到了最后一个——让我们称他为Johnny。她说，"但到了Johnny的时候，我让他来照顾我。"所以Johnny待在家中。那时候他33岁。她让所有其他孩子都走了，但没让Johnny走。这个问题，从Johnny的观点看，是他同意了这样做。这是为什么说那是偏执的。我的病人不用同意去买花椰菜。而且并不仅仅是那样。我很确信Johnny扮演了妈妈所感知到的角色：他必须要照顾她。如果Johnny在心理上以一种很不同的方式活跃着，这会激发妈妈身上不同的回应。

我现在想回到那个买花椰菜的男人身上。当我给他做那个诠释的时候，他说他的确对自己说过，"老天啊，你是这么无情"，以此他证实了我的诠释。在随后的会谈中，他告诉我在这之前，他根本没有意识到那样的想法。因此，这是对这个事件的一个提升的状态。他能够意识到这个想法，他自己的这个行动，并向我承认这一点。这是向前的一步，因为在自恋的位置上，它在根本上是不愿意去承认，一个人是受另外一个人影响的。

他的这个想法自然是之前就存在的，因为其他的心理现象很明显。比如说，他会在下星期一的时候完全忘记上个礼拜五治疗的内容。他无法推断不同领域间的知识（心理学家称为"训练的转移"）。他被"禁止"去思考一些事情。他的心理生活显示出持续被破坏的种种迹象，特别是在治疗有间断的时候。很明显的是，这些破坏是与他和我的互动联系在一起的——他对我的拒绝的内在回应。结束一次治疗或者我去度假对他来说总是一种拒绝；治疗师到别的人那里去了——病人、配偶、孩子、朋友等。

当他意识到这个行动以及他内在的心理机制的时候，这真的是一种改善。我认为这是持续分析的成果,并得出结论:这是那个被否认的行动不那么强烈了的迹象。你可能会对此有疑问。我得出的结论是基于这样的原则:个体只有在这个行动变得不那么强烈时,才能意识到对心灵生活有破坏作用的行动;一个能够被思考的行动比不能被思考的行动的强度要小。比如说,当我非常嫉妒时,我是意识不到这一点的。我认为这个原则极为重要,但要去证明它需要大量的推理性的问询;在此,我只想说明,内在的行动在强度上是很不一样的。对这个男人来说,内在行动的野蛮未开化性变得不那么强烈,我相信这是通过内在创造性行为的增加产生的。(可以这么说,我一直以与其相同的强度面质这种野蛮未开化性,特别是在治疗早期)只有当内在的创造性行动开花了,这个人才能如其所是地看到其他人的阴影。当有些东西可怕地占据着支配地位时,你是看不到这一点的。当有光芒闪烁时,你就看到了阴影。

有一个格言说的是,量变产生质变。如果你们中有人说了什么伤害了我,我说,"老天啊,你太残忍",这与跳起来大吼大叫、打破窗户、纵火焚烧是非常不同的。同样地,当我们所说的那个男人想,"老天啊,你是这么无情",这在性质上与他破坏了思考、判断和记忆的能力很不一样。把心灵给破坏了,比打破窗户、纵火焚烧要糟糕得多,尽管它看起来没有那么明显,所以不易被觉察到。

以上内容是要阐明,那个花椰菜男人的病理心理是严重的——他的感受与理智相切断,他对自己行动的知识被抹杀,他把自己功能的一部分推给了妻子，他严重地降低了自己创造性自主行动的力量——但他的心智状态在之前还要糟糕得多。当类似这样的情境被一定的量强化的时候，我们就有了一种精神分裂的状态。想象一下这个男人猛烈地把他自己的这一部分推给"老天"而不是他的妻子，他不是听到妻子叫他去买花椰菜，而是听到老天叫他去做某事。这时他不仅把他的理智从情感中砍断了，他还粉碎了自己的情感，并把自己的判断能力炸成碎片。现在我们有一个出现幻听的人，他的言谈流动缺乏思考，情感状态出现解离，而对那部分的驱逐则与心灵或身体的另外一部分相合作（在花椰菜男人身上，是与我相合作）。我们所看到的不仅是一个精神分裂的状态，还有一大堆的身心症状。

如同我所说的，根据我所建议的思路，我们可以对精神病学教科书上所描述的绝大部分状态追本溯源。因此，我相信，我所描述的方式的自恋，是大部分的心理障碍的基础。

对自恋的新方法

我一直在分享我对自恋这个主题的思考，但我所说的无论如何没有构成一个最后的陈述。我只是起了头，是对解决方案的最初探索。在每一个点上都会有新的问题产生。我同意德国神学家 Karl Rahner（1961）所做的阐述。他说如果一个问题干扰了对这个主题的所有被接受的观点，如果它使得人们变得焦虑，并让他

第十章 自恋对性格的影响

们热衷地去捍卫旧的位置，那就是问了个好问题。有一件事我是确定的：现今对自恋的理论是不对的，它们在沿着老路走。我相信我们需要从根本上重新思考一些事情并准备好抛弃一些之前的概念。我希望你们不要没有进一步思考就接受我所说的，但我也希望你们不要因为我的观点与其他的理论不相符就拒绝它们。

我认为自恋的问题至关重要。它是我们每个人身上都需要解决的问题。我相信如果我们理解它在我们身上起决定作用的一些过程，我们会在一个更好的位置上，成为我们自己生活的创造性的建筑师，去支持社会上更加有价值的事，并去获得被称为幸福的难以定义的品质。它会是征服个人疏离的第一步。如同很多社会理论家所说的，疏离在它所有的分支上，都是现代不适的源泉。达尔文试图通过把我们再根植于远古的祖先来解决它。弗洛伊德试图通过把我们与我们未知的自己相联结来解决它。

我确信，自恋把我们与我们自己的创造源泉切断。我确信我们的工作是去修复我们的心灵。我确信真正的创造性工作会给社会提供新的和谐的机会。我们第一步的任务是去管理我们创造性行动的潜能。一旦我们这样做，我们的症状和病理心理会平息。学习健康行动的方向是对抗神经症、精神病和病理状态的最佳武器。目前的理论和展望的前景对我们并没有很大的帮助。通过这本书，我反复强调需要去寻找什么是没有被做的。看到什么被拒绝了会帮助我们看到是什么建构了健康的心灵。

我想以引用 E. M. Forster 小说《印度之行》（1974）中 Aziz 博士所写的一段声明来结尾。Hamidullah 在与他交流，并对 Aziz

自恋：一个新理论

说：

"很好，但你会继续过着穷人的生活；在克什米尔你没有假期；你应该坚持你的职业并升迁到一个更高薪的职位，不要退休了还过着乱七八糟的生活，写写诗。教育你的孩子，阅读最前沿的科技期刊，让那些欧洲的医生不得不尊重你。像男人一样接受你自己的行动的结果。"

Aziz 慢慢眨眼看着他，说道，"我们并不在法庭上。作为一个男人有很多方式；我的方式是表达我心中最深沉的东西。"

"对这样一个表述，显然是没有什么好回复的。"Hamidullah 非常感动地说道。

这里至关重要的言语是，"作为一个男人有很多方式。"一个人的内心生活并不是被给予的，它是一种建构。我的生活在根本上是我自己的创造；自恋窒息了那个创造，不允许它，防止能量用于使其变为可能。这里所提出的理论是努力使其变得清楚并提供一个概念性的基础。它是一个概述，我希望它给我们指出正确的方向。